通辽市科尔沁区
林业和草原适用推广技术汇编

赵宏伟　陈顺　陈德越　戴明智　主编

内蒙古科学技术出版社

图书在版编目（CIP）数据

通辽市科尔沁区林业和草原适用推广技术汇编 / 赵宏伟等主编. -- 赤峰 : 内蒙古科学技术出版社, 2024.2
ISBN 978-7-5380-3431-8

Ⅰ. ①通… Ⅱ. ①赵… Ⅲ. ①造林－树种－栽培技术－通辽 Ⅳ. ①S7

中国国家版本馆CIP数据核字(2024)第037826号

通辽市科尔沁区林业和草原适用推广技术汇编

主　　编：赵宏伟　陈顺　陈德越　戴明智
责任编辑：马洪利
封面设计：王　洁
出版发行：内蒙古科学技术出版社
地　　址：赤峰市红山区哈达街南一段4号
邮购电话：0476-5888970
排　　版：赤峰市阿金奈图文制作有限责任公司
印　　刷：内蒙古爱信达教育印务有限责任公司
字　　数：292千
开　　本：787mm×1092mm　1/16
印　　张：14.25
版　　次：2024年2月第1版
印　　次：2024年3月第1次印刷
书　　号：ISBN 978-7-5380-3431-8
定　　价：120.00元

如出现印装质量问题，请与我社联系。电话：0476-5888926　5888917

编委会

前 言

党的十八大以来，科尔沁区始终以习近平新时代中国特色社会主义思想为指导，深入学习贯彻习近平生态文明思想和习近平总书记考察内蒙古重要讲话精神，生态文明建设取得显著成效，沙地得到有效治理，农田林网防护功能进一步增强，重点区域绿化成果提档升级，人居生活环境质量明显改善。

习近平总书记强调“绿水青山就是金山银山”。这深刻揭示了生态环境保护与经济社会发展之间辩证统一的关系，阐明了保护生态环境就是保护生产力、改善生态环境就是发展生产力的道理。我们必须牢固树立和践行绿水青山就是金山银山的发展理念，坚持走生态优先、绿色发展之路不动摇。科尔沁区将贯彻落实党的二十大精神，积极开展国土绿化行动，全面建设祖国北方生态安全屏障，力争到2025年建成春花浪漫、秋果飘香、生态良好、生物多样、生活甜蜜的魅力科尔沁区。

同时，为了进一步推进科尔沁区生态文明建设健康发展，实现科尔沁区林业和草原生态“十四五”发展目标，让广大人民群众了解科尔沁区林业和草原资源现状，关注科尔沁区生态文明建设发展成就，掌握造林适用推广技术，知晓森林有害生物防治、古树名木、草原植被及产业化发展等内容，我们组织有丰富理论知识和实践经验的工程技术人员编写了本书，供广大读者参考。

由于作者水平有限，书中难免有不妥之处，恳请广大读者批评指正。

目 录

第一章　常见树木树种

一、杨柳科

（一）杨树

杨树是杨柳科落叶乔木，分为五大派系，即青杨派、白杨派、黑杨派、胡杨派、大叶杨派。杨树喜光，耐寒、耐旱，不耐水淹，对土壤的要求不严，根系发达，生长迅速。杨树是世界上分布广、适应性强的树种之一，广泛用于生态防护林、农田防护林、道路绿化、园林绿化等。

（二）银中杨

银中杨是经杂交选育而成的杨柳科落叶乔木，根系发达，枝叶繁茂，生长迅速，表现出较强的抗逆性。抗旱，耐盐碱，耐寒，具有较强的适应性。树干通直，叶面深绿色，叶背面银白色，密生茸毛。树姿优美，常用于绿化树木和观赏树种。

（三）新疆杨

新疆杨是杨柳科落叶乔木，树冠圆柱形或尖塔形，树皮灰白或青灰色。属中湿性树种，抗寒性较差，喜光，抗干旱、抗风、抗烟尘、抗柳毒蛾，较耐盐碱。为农田防护林、速生丰产林、防风固沙林和“四旁”绿化的优良树种。

（四）青皮柳

青皮柳即旱柳，是杨柳科落叶乔木，喜光，耐寒，喜湿润，旱地也能生长，但在湿润排水好的土壤生长最好。根系发达，抗风能力强，生长快，易繁殖。树形美观，树冠丰满，常用于庭园树、行道树、防护林等绿化树种，在北方分布较广。

（五）馒头柳

馒头柳是杨柳科落叶乔木，因其树形类似馒头而得名。属阳性树种，喜光，耐寒、耐湿、耐旱、耐盐碱、耐污染、耐修剪，生长速度快，适应性强。分枝密，遮阴效果好，树冠半圆形，树形优美，枝条柔软，是北方地区主要造林和园林绿化树种。

（六）金丝柳

金丝柳是杨柳科落叶乔木，树形优美，抗病虫能力强，喜光，耐寒、耐湿，具有一定的耐旱性，适应性较强，在多数土壤条件下都能够生长，是优良的园林绿化树种和庭院主要观赏树种。

二、柽柳科

柽柳

柽柳是柽柳科柽柳属乔木或灌木，高3～6m，叶呈鲜绿色，喜生于河流冲积平原和沙荒地，耐高温和严寒，为喜光树种。根最深时超过10m，有的树龄在百年以上，是防风固沙、绿化环境的优良树种之一。

三、榆科

（一）榆树

榆树是榆科榆属树种，又名春榆，素有“榆木疙瘩”之称，是落叶乔木。为阳性树种，喜光，耐旱、耐寒、耐瘠薄，对土壤要求不严，适应性很强。根系发达，抗风力、保土力强。萌芽力强，耐修剪，生长快，寿命长，是造林或“四旁”绿化树种。

（二）白榆

白榆是榆科榆属落叶乔木，也称家榆、榆树。属阳性树种，喜光，耐旱、耐寒、耐瘠薄，不耐水湿，不择土壤，适应性很强。根系发达，抗风力、保土力强。萌芽力强，耐修剪，生长快，寿命长，树龄可在百年以上。是行道树、庭园绿化、营造防护林和“四旁”绿化树种，在东北地区随处可见。

（三）金叶榆

金叶榆是榆科榆属落叶乔木，喜光，耐寒、耐旱，喜肥沃、湿润而排水良好的土壤，不耐水湿，抗风、保土能力强，对烟尘及有毒气体的抗性强，具有极强的适应性。叶片金黄色，有自然光泽，色泽艳丽，是我国目前彩叶树种中应用范围较广的。

四、松科

（一）樟子松

樟子松是常绿针叶乔木，为阳性、深根性树种，喜光，耐寒、耐旱，不苛求土壤水分，抗逆性强，寿命长。是东北地区主要速生用材、防护绿化、水土保持等优良树种；树形及树干均较美观，可作为庭园观赏和绿化树种。

（二）云杉

云杉是松科常绿乔木，为中国宝贵树种。耐阴、耐寒，适应性强，喜欢凉爽湿润的气候和肥沃深厚、排水良好的微酸性沙质土壤，生长缓慢，属浅根性树种。是绿化美化树种之一，木材为工业用主要原材料。

五、柏科

柏树

柏树是柏科常绿乔木，在中国分布极广。适应性强，较耐寒，抗风力较差；耐干旱，喜湿润，但不耐水淹；耐贫瘠，可在微酸性至微碱性土壤上生长。主根浅细，侧根发达，生长缓慢，寿命极长。人工栽培范围遍及全国，是优良的园林绿化树种。

六、槭树科

五角枫

五角枫是槭树科槭属落叶乔木，喜阳，耐阴，喜温凉湿润气候，耐寒性强。对土壤要求不严，但以湿润、肥沃、土层深厚的土中生长最好，深根性，生长速度中等，病虫害较少。树姿优美，秋季叶色变为红色或黄色，为著名秋季观叶树种，是绿化美化的主要树种之一。

七、紫葳科

梓树

梓树是紫葳科梓属乔木树种，喜光照，耐严寒，适应性强，在大多数土壤条件下都能正常生长。深根性，喜欢深厚肥沃且湿润的沙质土壤，不耐干旱和瘠薄土壤，抵抗污染的能力很强。春夏黄花满树，秋冬荚果悬挂，具有很好的观赏价值，可作为行道树、庭园绿化树种。

八、壳斗科

蒙古栎

蒙古栎是壳斗科栎属落叶乔木，喜温暖、湿润气候，也能耐一定寒冷和干旱，对土壤要求不严，耐瘠薄，不耐水湿，根系发达，有很强的萌蘖性。是营造防风林、水源涵养林的优良树种，园林中可作为景观树或行道树，是防护林和绿化美化树种。

九、蔷薇科

(一)京桃

京桃为亚乔木，喜光，耐寒、耐旱、耐修剪，不耐涝，树体萌蘖力极强。有主干，分枝点较低，冠形开展，开花较早，是优良的观赏树种。核果椭圆形，熟后橙褐色，自然脱落。

（二）山丁子

山丁子是落叶乔木，花白色或淡红色，果实近球形，红色或黄色，味酸而涩，种子小。喜光，耐寒性极强，扎根深，寿命长。树姿优雅娴美，花繁叶茂，白花、绿叶、红枝相互映衬，是优良的观赏树种。幼苗在林业生产中多用作改良果树嫁接砧木材料。

（三）稠李

稠李是蔷薇科落叶乔木，喜光耐阴，抗寒力较强，在肥沃、湿润、排水良好的沙质土壤上生长良好。萌蘖力极强，病虫害少，不耐干旱瘠薄，在各种土壤及各种恶劣气候中能正常生长。树形优美，花叶精致，是很常见的观赏性树种。

（四）塞外红苹果

塞外红苹果又名锦绣海棠、鸡心果，是通辽市林科院选育的抗寒苹果新品种。果实阔圆锥形，成熟时颜色变深红，果面光洁，酸甜适口，具有浓郁的香味。在通辽地区4月中旬萌芽，5月初开花，5月下旬果实开始膨大，8月下旬开始着色，9月中下旬果实成熟。

（五）黄太平

黄太平是蔷薇科苹果属落叶小乔木，高4～6m，5月上旬开花，果实卵形或近球形，可鲜食和加工。根系发达，生长旺盛，喜光，耐寒、耐干旱，适应性强。

（六）李子树

李子树是蔷薇科李属落叶乔木，高9~12m，树冠广圆形。核果球形、卵球形或近圆锥形，果期7—8月。叶由春至秋呈红色，花白色或粉红色，是良好的观叶园林植物。

（七）樱桃

樱桃是蔷薇科李属乔木，高2～6m，是喜光、喜温、喜湿、喜肥的果树。果实可以作为水果食用，富含糖、蛋白质、维生素及钙、铁、磷、钾等多种元素。

（八）欧李

欧李因果实含钙高又称高钙果，为灌木，高0.4～1.5m。核果成熟后近球形，红色或紫红色。欧李具有特殊的抗旱本领，旱时能避旱，雨季能蓄积水，适合干旱地区种植。

（九）山杏

山杏是灌木或小乔木，高2~5m，喜光，根系发达、深入地下，适应性强，具有耐寒、耐旱、耐瘠薄的特点。可用于绿化荒山、保持水土。果实可入药，也是滋补佳品。

（十）123果树

123果树类似于沙果，其特点是结果早，丰产性强，抗寒力强。果实呈卵圆形，味酸甜香浓，营养丰富，果皮黄红鲜艳。

（十一）榆叶梅

榆叶梅又叫小桃红，因其叶片像榆树叶，花朵酷似梅花而得名，为灌木，稀小乔木。喜光，耐寒、耐旱，根系发达，对土壤要求不严。栽培历史悠久，多数公园内均有栽植，开花早，主要供观赏。

十、漆树科

火炬树

火炬树是落叶小乔木，果穗鲜红色，果实成熟后不易脱落，秋后树叶变红色，十分壮观。喜光，耐寒，对土壤适应性强，耐干旱瘠薄，耐水湿，耐盐碱。根系发达，萌蘖性强，扎根浅，生长快，主要用于荒山绿化及风景林树种。

十一、木樨科

（一）白蜡树

白蜡树是木樨科落叶乔木，为阳性树种，喜光，耐寒、耐旱，对土壤的适应性较强。其枝叶繁茂，根系发达，植株萌发力强，在轻度盐碱地也能生长，是防风固沙和护堤护路的优良树种。树形美观，抗烟尘、二氧化硫和氯气，是工厂、街道路、庭园绿化美化的优良树种。

（二）丁香树

丁香树是木樨科落叶灌木或小乔木，花白色、紫色、紫红色或蓝色。喜光，喜温暖湿润气候，耐寒、耐旱，对土壤要求不严，是著名的庭园花木。

（三）连翘

连翘是木樨科连翘属落叶灌木，早春先叶开花，花开香气浓郁，满枝金黄，是早春优良观花灌木。喜温暖湿润气候，耐寒、耐旱，对土壤要求不严，萌发力强，枝干丛生，是绿化美化的优良树种。

（四）水蜡

水蜡是木樨科落叶多分枝灌木，耐修剪，易整形，为行道树及公园、庭院绿地绿化的优良树种。适应性较强，喜光，耐寒，对土壤要求不严。

十二、豆科

(一) 皂角树

皂角树为落叶乔木，是我国特有的树种之一，喜光，喜温暖湿润气候及肥沃土壤，耐寒、耐干旱，对土壤要求不严，常栽植于庭园或作为“四旁”绿化树种。皂角的果仁可药用，荚刺（皂针）内含黄酮甙、酚类、氨基酸等，有很高的经济价值。

(二)国槐

国槐属于乔木，树形高大，是良好的绿化树种。耐寒，喜阳光，不耐阴湿而抗旱，在低洼积水处生长不良，扎根深，对土壤要求不严，较耐瘠薄。耐烟尘，能适应城市街道环境，病虫害不多，寿命长，耐烟毒能力强。

十三、芸香科

黄菠萝树

黄菠萝树别名黄檗、檗木、黄檗木，是落叶乔木，大树高达30m。气候寒冷条件下，在土层深厚、湿润的沙壤土上可正常生长，适应性强，喜阳光，耐严寒。木质坚硬，可提供优良的木材，也是珍贵的药材树种。

十四、无患子科

（一）糖槭树

糖槭树是无患子科槭属落叶乔木，喜阳光，耐阴凉，适宜冷凉气候，耐寒、耐旱、耐瘠薄、耐修剪，不耐盐碱。适应性强，根萌芽性强，生长较缓慢，在多种土壤条件下都能生长。秋季叶片色泽艳丽，叶色变化多样，是优良的行道树、风景树、观赏树、防护林树种。

（二）文冠果

文冠果是无患子科落叶灌木或小乔木，春季开花，秋初结果，果实黑色。适应性强，在沙地、山地、黄土丘陵等均能生长，喜阳，耐寒、耐旱、耐贫瘠，抗风沙，但不耐涝。嫩叶可制茶，果实可榨油，是我国特有的一种食用油料树种。

十五、卫矛科

卫矛

卫矛是灌木，高1~3m，喜光，耐干旱、瘠薄和寒冷，对气候和土壤适应性强，在中性、酸性土壤上均能生长。萌芽力强，耐修剪，对二氧化硫有较强的抗性。秋叶红艳耀目，是很好的观赏树种。

十六、葡萄科

葡萄

葡萄为葡萄科葡萄属木质藤本植物，是世界最古老的果树树种之一。果实球形或椭圆形，成熟期在8—9月，可生食或制作葡萄干，还可制作饮料或酿酒。

十七、桦木科

榛子

榛子又名山板栗、尖栗或棰子，为桦木科榛属落叶灌木或小乔木，果实成熟期在9—10月。榛子耐寒，喜湿润气候，对土壤适应性强。果实是世界畅销的名贵干果。

十八、忍冬科

红王子锦带

红王子锦带是忍冬科落叶丛生灌木，花期长，11月下旬落叶。喜光，耐寒、耐旱，适应性强，对土壤要求不严，耐修剪，萌芽力、萌蘖力均强。叶色美观，花朵稠密，花色艳丽，具有很高的观赏价值。

十九、山茱萸科

红瑞木

红瑞木是落叶灌木，喜潮湿温暖的生长环境，喜肥、喜光照。秋叶鲜红，小果洁白，落叶后枝干暗红色，是园林造景的优良树种，多栽植在草坪上，或与常绿乔木相间种植，能够得到红绿相映的效果。

第二章 常见草类品种

一、白花丹科

二色补血草

二色补血草是白花丹科补血草属多年生草本植物。

繁殖方式：根蘖繁殖或种子繁殖。

明显特征：全株（除萼外）无毛。叶基生，花期叶常存在，匙形至长圆状匙形，先端通常圆或钝，基部渐狭成平扁的柄。花序圆锥状；花序轴单生，穗状花序有柄至无柄，排列在花序分枝的上部至顶端；外苞长圆状宽卵形；萼漏斗状，全部或下半部沿脉密被长毛，萼檐初时淡紫红或粉红色，后来变白，沿脉被微柔毛或变无毛；花冠黄色。花期5—7月，果期6—8月。

生境：在草原上广泛分布。

用途：全草药用，能活血、止血、温中健脾、滋补强壮，主治月经不调，功能性子宫出血，痔疮出血，胃溃疡，诸虚体弱等。

二、车前科

车前

车前是车前科车前属二年生或多年生草本植物，又名车轱辘菜。

繁殖方式：种子繁殖。

明显特征：须根多数；根茎短，稍粗。叶基生，呈莲座状，平卧、斜展或直立，叶片薄纸质或纸质，宽卵形或宽椭圆形，直立或弓曲上升，梗有纵条纹，疏生白色短柔毛。穗状花序细圆柱状；苞片狭卵状三角形或三角状披针形，无毛或先端疏生短毛，前对萼片椭圆形，后对萼片宽倒卵状椭圆形或宽倒卵形；花冠白色。蒴果纺锤状卵形、卵球形或圆锥状卵形，子叶背腹向排列。花期4—8月，果期6—9月。

生境：生于草地、沟边、河岸湿地、田边、路旁或村边空旷处。

用途：幼苗可食；全株入药，味甘，性寒，具有祛痰、镇咳、平喘等作用。

三、唇形科

细叶益母草

细叶益母草是唇形科益母草属一年生或二年生草本植物，又名风葫芦草、龙串彩。

繁殖方式：种子繁殖。

明显特征：具圆锥形的主根。茎直立，钝四棱形，微具槽，有短而贴生的糙伏毛，单一，或多数从植株基部发出，不分枝，或于茎上部稀在下部分枝。茎最下部的叶早落，中部的叶轮廓为卵形，基部宽楔形，掌状3全裂，裂片呈狭长圆状菱形，其上再羽状分裂成3裂的线状小裂片，小裂片上面绿色，疏被糙伏毛；叶脉下陷，下面淡绿色，被疏糙伏毛及腺点，叶脉明显凸起且呈黄白色；叶柄纤细，腹面具槽，背面圆形，被糙伏毛。轮伞花序腋生，多花，花时轮廓为圆球形，多数，向顶渐次密集形成长穗状；小苞片刺状，向下反折，比萼筒短，被短糙伏毛；花萼管状钟形，外面在中部密被疏柔毛，余部贴生微柔毛，内面无毛；花冠粉红至紫红色；花盘平顶；子房褐色，无毛。小坚果长圆状三棱形，顶端截平，基部楔形，褐色。花期7—9月，果期9月。

生境：主要分布在莫力庙苏木、大林镇及高林屯种畜场三分场、七分场沙质草原上及田间地头。

用途：药用，主治月经不调，胎漏难产，胞衣不下，产后血晕，瘀血腹痛，痈肿疮疡。

四、豆科

（一）甘草

甘草是豆科甘草属多年生草本植物，又名甜根子、甜草。

繁殖方式：种子繁殖。

明显特征：根与根状茎粗壮，外皮褐色，里面淡黄色，具甜味。茎直立，多分枝。托叶三角状披针形，两面密被白色短柔毛；叶柄密被褐色腺点和短柔毛；小叶5~17枚，卵形、长卵形或近圆形，上面暗绿色，下面绿色，顶端钝，具短尖，基部圆，边缘全缘或微呈波状，多少反卷。总状花序腋生，总花梗短于叶；苞片长圆状披针形，褐色，膜质；花萼钟状，基部偏斜并膨大呈囊状，萼齿5，萼筒近等长，上部2齿大部分连合；花冠紫色、白色或黄色，旗瓣长圆形，顶端微凹，基部具短瓣柄，翼瓣短于旗瓣，龙骨瓣短于翼瓣；子房密被刺毛状腺体。荚果弯曲呈镰刀状或呈环状，密集成球，密生瘤状突起和刺毛状腺体。种子暗绿色，圆形或肾形。花期6—8月，果期7—10月。

生境：常生于干旱沙地、河岸沙质地、山坡草地及盐渍化土壤中。

用途：根和根状茎供药用。

（二）山野豌豆

山野豌豆是豆科野豌豆属多年生草本植物。

繁殖方式：种子繁殖。

明显特征：植株被疏柔毛，稀近无毛。主根粗壮，须根发达。茎具棱，多分枝，细软，斜升或攀缘。偶数羽状复叶，几无柄；托叶半箭头形，边缘有3～4裂齿；小叶4～7对，互生或近对生，革质，椭圆形至卵状披针形；叶上面被贴伏长柔毛，下面粉白色，沿中脉毛被较密，侧脉扇状开展，直达叶缘。总状花序通常长于叶，花密集着生于花序轴上部；花冠红紫色、蓝紫色或蓝色，花期颜色多变；花萼斜钟状，萼齿近三角形，上萼齿明显短于下萼齿；旗瓣倒卵圆形；翼瓣与旗瓣近等长，瓣片斜倒卵形；龙骨瓣短于翼瓣；荚果长圆形，两端渐尖，无毛。花期4—6月，果期7—10月。

生境：生于草甸、山坡、灌丛或杂木林中。

用途：为优良牧草，牲畜喜食。民间药用，称透骨草。是防风、固沙、水土保持及绿肥作物之一，亦可作为荒山、园林绿化，建立人工草场和早春蜜源植物。

（三）紫花苜蓿

紫花苜蓿是豆科苜蓿属多年生草本植物，又名紫苜蓿、苜蓿。

繁殖方式：种子繁殖。

明显特征：根粗壮，深入土层。茎直立、丛生以至平卧，四棱形，无毛或微被柔毛，枝叶茂盛。羽状三出复叶；托叶大，卵状披针形；小叶长卵形、倒长卵形至线状卵形，等大，或顶生小叶稍大，纸质，具由中脉伸出的长齿尖，基部狭窄，楔形，侧脉与中脉成锐角，在近叶边处略有分叉；顶生小叶柄比侧生小叶柄略长。花序总状或头状；总花梗挺直，比叶长；苞片线状锥形，比花梗长或等长；花梗短；萼齿线状锥形，比萼筒长，被贴伏柔毛；花冠淡黄、深蓝至暗紫色，花瓣均具长瓣柄，旗瓣长圆形，明显较翼瓣和龙骨瓣长。荚果螺旋状紧卷，中央无孔或近无孔，被柔毛或渐脱落，熟时棕色。花期5—7月，果期6—8月。

生境：生于田边、路旁、旷野、草原、河岸及沟谷等地。

用途：饲用，为优质牧草。

五、禾本科

（一）稗

稗是禾本科稗属一年生草本植物。

繁殖方式：种子繁殖。

明显特征：秆光滑无毛，基部倾斜或膝曲。叶鞘疏松裹秆，平滑无毛，下部者长于节间而上部者短于节间；叶舌缺；叶片扁平，线形，无毛，边缘粗糙。圆锥花序直立，近尖塔形；主轴具棱，粗糙或具疣基长刺毛。穗轴粗糙或生疣基长刺毛；小穗卵形，脉上密被疣基刺毛，具短柄或近无柄，密集在穗轴的一侧。花果期夏秋季。

生境：喜湿润、喜温暖，常见于河边、山谷或稻田中。

用途：稗适应性强，生长茂盛，品质良好，饲草及种子产量均高，营养价值也较高。鲜草，马、牛、羊均喜食；干草，牛喜食。

（二）糙隐子草

糙隐子草是禾本科隐子草属多年生草本植物。

繁殖方式：种子繁殖。

明显特征：秆直立或铺散，密丛，纤细，具多节，干后常呈蜿蜒状或回旋状弯曲，植株绿色，秋季经霜后常变成紫红色。叶鞘多长于节间，无毛，层层包裹，直达花序基部；叶舌具短纤毛；叶片线形，扁平或内卷，粗糙。圆锥花序狭窄；小穗含2~3小花，绿色或带紫色；颖具1脉，边缘膜质；外稃披针形，先端常具较稃体短或近等长的芒。花果期7—9月。

生境：多生于干旱草原、丘陵坡地、沙地，以及固定或半固定沙丘、山坡等处。

用途：为优良牧草，家畜均采食，马最喜食。秋季植株干枯后，易被风吹集于沟内，为马与羊的抓膘草。

（三）狗尾草

狗尾草是禾本科狗尾草属一年生草本植物，又名谷莠子。

繁殖方式：种子繁殖。

明显特征：根为须状，高大植株具支持根。秆直立或基部膝曲。叶鞘松弛，无毛或疏具柔毛或疣毛，边缘具较长的密绵毛状纤毛；叶舌极短，缘有纤毛；叶片扁平，长三角状狭披针形或线状披针形，先端长渐尖或渐尖，基部钝圆形，几呈截状或渐窄，通常无毛或疏被疣毛，边缘粗糙。圆锥花序呈圆柱状或基部稍疏离，直立或稍弯垂，主轴被较长柔毛，粗糙或微粗糙，直或稍扭曲，通常绿色或褐黄到紫红或紫色。颖果灰白色。花果期5—10月。

生境：生于荒野、道旁，为旱地作物常见的一种杂草。

用途：秆、叶可做饲料，也可入药，治痈瘀、面癣；全草加水煮沸20分钟后，滤出液可喷杀菜虫。

（四）虎尾草

虎尾草是禾本科虎尾草属一年生草本植物，又名盘草、刷子头、棒槌草。

繁殖方式：种子繁殖。

明显特征：秆直立或基部膝曲，光滑无毛。叶鞘背部具脊，包卷松弛，无毛；叶舌无毛或具纤毛；叶片线形，两面无毛或边缘及上面粗糙。穗状花序5~10枚，指状着生于秆顶，常直立而并拢成毛刷状，有时包藏于顶叶之膨胀叶鞘中，成熟时常带紫色；小穗无柄；颖膜质。颖果纺锤形，淡黄色，光滑无毛而半透明。花果期6—10月。

生境：多生于路旁荒野，河岸沙地。

用途：有药用价值，具有祛风除湿、解毒杀虫功效，能治疗感冒头痛、风湿痹痛、泻痢腹痛、疝气、脚气、痈疮肿毒、刀伤等；为各种牲畜食用的牧草。

（五）芦苇

芦苇是禾本科芦苇属多年生草本植物。

繁殖方式：种子繁殖或营养繁殖。

明显特征：根状茎十分发达。秆直立，基部和上部的节间较短，最长节间位于下部第4—6节。叶鞘下部者短于上部者，长于节间；叶舌边缘密生一圈长约1mm的短纤毛，两侧缘毛易脱落；叶片披针状线形，无毛，顶端长渐尖成丝形。圆锥花序大型，着生稠密下垂的小穗；小穗柄无毛；小穗含4花；雄蕊3，花药黄色；颖果。

生境：生于江河湖泽、池塘沟渠沿岸和低湿地。

用途：秆为造纸原料，或作编席织帘及建棚材料，茎、叶嫩时为饲料，根状茎供药用，为固堤造陆先锋环保植物。

（六）披碱草

披碱草是禾本科披碱草属多年生丛生草本植物。

繁殖方式：种子繁殖。

明显特征：秆疏丛生，直立，基部膝曲。叶鞘光滑无毛；叶片扁平，稀可内卷，上面粗糙，下面光滑，有时呈粉绿色。穗状花序直立，较紧密；穗轴边缘具小纤毛，中部各节具2小穗，而接近顶端和基部各节只具1小穗；小穗绿色，成熟后变为草黄色；颖披针形或线状披针形，有3~5明显而粗糙的脉；外稃披针形，上部具5条明显的脉，全部密生短小糙毛，第一外稃先端延伸成芒，芒粗糙，成熟后向外展开；内稃与外稃等长，先端截平，脊上具纤毛，至基部渐不明显，脊间被稀少短毛。

生境：多生于山坡草地或路边。

用途：为优质高产的饲草，分蘖期家畜均喜采食，抽穗期至始花期刈割调制的青干草家畜亦喜食；也是一种很好的护坡、水土保持和固沙植物。

（七）羊草

羊草是禾本科赖草属多年生草本植物，又名碱草。

繁殖方式：种子繁殖。

明显特征：秆散生，直立。具下伸或横走根茎；须根具沙套。叶鞘光滑，基部残留叶鞘呈纤维状，枯黄色；叶舌截平，顶具裂齿，纸质；叶片扁平或内卷，上面及边缘粗糙，下面较平滑。穗状花序直立；穗轴边缘具细小睫毛；小穗粉绿色，成熟时变黄；小穗轴节间光滑；颖锥状，质地较硬，背面中下部光滑，上部粗糙，边缘微具纤毛。花果期6—8月。

生境：常见于开阔平原、起伏的低山丘陵、河滩及盐碱低地。

用途：优等牧草，耐寒、耐旱、耐盐碱、耐瘠薄，适应范围广，也可割制干草。

(八)少花蒺藜草

少花蒺藜草是禾本科蒺藜草属一年生草本植物，又名草蒺藜、疏花蒺藜草、草狗子。

繁殖方式：种子繁殖。

明显特征：须根具沙套，半匍匐状，有明显的节和节间，分蘖力极强，节上可生不定根。叶条状互生，叶鞘具脊，叶舌短，具纤毛。穗状花序顶生，穗轴粗糙，小穗1~3枚簇生，其外围是由不孕小穗愈合而成的刺苞，每个刺苞含1~3粒种子；刺苞呈球形，刺苞及刺的下部具柔毛，淡黄色到深黄色或紫色；小穗卵形，无柄，第1颖阙如，第2颖与第1外稃均具3~5脉；外稃质硬，前面平坦，先端尖，具5脉，上部明显，边缘薄，包卷内稃；内稃凸起，具2脉，稍成脊。颖果，几呈球形，黄褐色或黑褐色，顶端具残存的花柱，背面平坦，腹面凸起；脐明显，深灰色；下方具种柄残余；胚极大，圆形，几乎占颖果的整个背面。

生境：任何土壤都能生长，耐干旱、耐瘠薄、耐修剪，抗沙埋，具有极强的适应性和竞争力，很少有病虫害发生。

用途：高效固沙植物。

（九）硬质早熟禾

硬质早熟禾是禾本科早熟禾属多年生草本植物，又名基隆早熟禾。

繁殖方式：种子繁殖。

明显特征：秆顶节位于中部以下，上部裸露，紧接花序以下和节下均多少糙涩。叶鞘基部带淡紫色，顶生者长于其叶片；叶舌先端尖；叶片稍粗糙。圆锥花序紧缩而稠密；分枝长着生于主轴各节，粗糙；小穗柄短于小穗，侧枝基部着生小穗；小穗绿色，熟后草黄色；颖具3脉，先端锐尖，硬纸质，稍粗糙。颖果腹面有凹槽。花果期6—8月。

生境：生于山坡草原干燥沙地。

用途：药用，清热解毒，利尿止痛。

六、蒺藜科

蒺藜

蒺藜是蒺藜科蒺藜属一年生草本植物，又名蒺藜狗。

繁殖方式：种子繁殖。

明显特征：茎平卧。小叶对生，偶数羽状复叶，矩圆形或斜短圆形，先端锐尖或钝，被柔毛，全缘。花腋生，花梗短于叶，花黄色。果有分果瓣，硬，无毛或被毛，中部边缘有锐刺，下部常有小锐刺，其余部位常有小瘤体。

生境：生长于沙地、荒地、山坡、田野、路旁及河边草丛。

用途：果实入药，用于治疗头痛眩晕、皮肤瘙痒、目赤肿胀、乳汁不通等。

七、夹竹桃科

（一）地梢瓜

地梢瓜是夹竹桃科鹅绒藤属草质或亚灌木状藤本植物，又名瓜蒌。

繁殖方式：种子繁殖。

明显特征：直立半灌木，地下茎单轴横生，茎自基部多分枝。叶对生或近对生，线形，叶背中脉隆起。伞形聚伞花序腋生；花萼外面被柔毛；花冠绿白色；副花冠杯状，裂片三角状披针形，渐尖，高过药隔的膜片。蓇葖纺锤形，先端渐尖，中部膨大；种子扁平，暗褐色；种毛白色绢质。花期5—8月，果期8—10月。

生境：生长于水沟旁、河岸边、沙丘或干旱山谷、荒地、田边等处。

用途：可做工业原料，幼果可食，种毛可做填充料；全草入药。

（二）鹅绒藤

鹅绒藤是夹竹桃科鹅绒藤属缠绕草质藤本植物，又名祖子花。

繁殖方式：种子繁殖。

明显特征：主根圆柱状，干后灰黄色；全株被短柔毛。叶对生，薄纸质，宽三角状心形，顶端锐尖，基部心形，叶面深绿色，叶背苍白色，两面均被短柔毛，脉上较密。伞形聚伞花序腋生，两歧；花萼外面被柔毛；花冠白色，裂片长圆状披针形；蓇葖双生或仅有1个发育，细圆柱状，向端部渐尖；种子长圆形；种毛白色绢质。花期6—8月，果期8—10月。

生境：生长于山坡向阳灌木丛中或路旁、河畔、田埂边。

用途：全株可用于祛风。

（三）合掌消

合掌消是夹竹桃科白前属多年生草本植物。

繁殖方式：种子繁殖。

明显特征：直立，全株流白色乳液，除花萼、花冠被有微毛外，余皆无毛；根须状。叶薄纸质，无柄，倒卵状椭圆形，先端急尖，基部下延近抱茎，上部叶小，下部叶大。多歧聚伞花序顶生及腋生；花冠黄绿色或棕黄色；蓇葖单生，刺刀形。花期春夏之间，果期秋季。

生境：生长于山坡草地或田边、湿地及沙滩草丛中。

用途：药用，可消肿退毒，祛风行气；水煎服治跌打损伤，四肢风湿。

八、锦葵科

苘麻

苘麻是锦葵科苘麻属一年生亚灌木状直立草本植物，又名青麻。

繁殖方式：种子繁殖。

明显特征：茎枝被柔毛。叶互生，圆心形，边缘具细圆锯齿，两面均密被星状柔毛；叶柄被星状细柔毛；托叶早落。花单生于叶腋，花梗被柔毛；花萼杯状，裂片卵形；花黄色，花瓣倒卵形。蒴果半球形；种子肾形，褐色，被星状柔毛。

生境：常见于路旁、荒地和田野间。

用途：茎皮纤维色白，具光泽，可用于编织麻袋、搓绳索等。种子含油量15%~16%，可用于制皂、油漆和工业润滑油。全草可药用。

九、菊科

（一）艾

艾是菊科蒿属多年生草本植物或稍亚灌木状植物，又名艾蒿。

繁殖方式：种子繁殖。

明显特征：植株有浓烈香气；主根明显，略粗长，侧根多；常有横卧地下根状茎及营养枝。茎单生或少数，有明显纵棱，褐色或灰黄褐色，基部稍木质化，上部草质，并有少数短的分枝；茎、枝均被灰色蛛丝状柔毛。叶上面被灰白色柔毛，并有白色腺点与小凹点，背面密被灰白色蛛丝状密茸毛；基生叶具长柄；中部叶卵形、三角状卵形或近菱形，一二回羽状深裂或半裂，干后主脉和侧脉深褐或锈色。头状花序椭圆形，无梗或近无梗，通常在茎上再组成狭窄、尖塔形的圆锥花序，花后头状花序下倾。瘦果长卵形或长圆形。花果期7—10月。

生境：生于低海拔至中海拔地区的荒地、路旁、河边及山坡等地，也见于森林草原及草原地区。

用途：全草入药，有温经、去湿、散寒、止血、消炎、平喘、止咳、安胎、抗过敏等作用。艾叶晒干捣碎得“艾绒”，制艾条供艾灸用。此外，全草做杀虫的农药，或用于熏烟，做房间消毒、杀虫药。嫩芽及幼苗可做菜蔬。

（二）苍耳

苍耳是菊科苍耳属一年生草本植物，又名老苍子。

繁殖方式：种子繁殖。

明显特征：根纺锤状，茎下部圆柱形，上部有纵沟。叶片三角状卵形或心形，近全缘，边缘有不规则的粗锯齿，上面绿色，下面苍白色，被糙伏毛。雄性的头状花序球形，总苞片长圆状披针形，花托柱状，托片倒披针形，花冠钟形，花药长圆状线形；雌性的头状花序椭圆形，外层总苞片小，披针形，喙坚硬、锥形。瘦果倒卵形。7—8月开花，9—10月结果。

生境：常见于沟旁、田边、草地、村旁等处，为各地常见的杂草。

用途：以全草、根、花和带总苞的果实入药；茎皮纤维可制作麻袋、麻绳；苍耳子油是一种高级香料的原料，还可做油漆、油墨及肥皂硬化油等。

（三）苦苣菜

苦苣菜是菊科苦苣菜属一年生或二年生草本植物，又名滇苦荬菜。

繁殖方式：种子繁殖。

明显特征：根圆锥状，垂直直伸，有多数纤维状的须根。茎直立，单生。基生叶羽状深裂，长椭圆形或倒披针形，或大头羽状深裂，倒披针形，或不裂，椭圆形、椭圆状戟形、三角形、三角状戟形或圆形。头状花序排成伞房花序或总状花序或单生茎枝顶端；舌状小花多数，黄色。瘦果褐色，长椭圆形或长椭圆状倒披针形，压扁，每面各有3条细脉，肋间有横皱纹，顶端狭，无喙，冠毛白色。花果期5—12月。

生境：多生长在林下、田野、路旁、山坡、平地田间、空旷处、山谷林缘或近水处。

用途：药用，清热解毒，凉血止血，主治肠炎、痢疾、黄疸、淋证、咽喉肿痛、痈疮肿毒、乳腺炎、痔瘘、吐血、衄血、咯血、尿血、便血、崩漏。

（四）冷蒿

冷蒿是菊科蒿属多年生草本植物，有时略呈半灌木状，又名小白蒿。

繁殖方式：种子繁殖。

明显特征：茎直立，数枚或多数常与营养枝共组成疏松或稍密集的小丛，基部多少木质化。茎下部叶与营养枝叶长圆形或倒卵状长圆形，小裂片线状披针形或披针形，中部叶长圆形或倒卵状长圆形，一至二回羽状全裂，上部叶与苞片叶羽状全裂或3~5全裂，裂片长椭圆状披针形或线状披针形。头状花序半球形、球形或卵球形，在茎上排成总状花序或为狭窄的总状花序式的圆锥花序。瘦果长圆形或椭圆状倒卵形，上端圆，有时有不对称的膜质冠状边缘。花果期7—10月。

生境：广泛分布于草原带和荒漠草原带，多生长在沙质、沙砾质或砾石质土壤上。

用途：在牧区为牲畜营养价值良好的饲料；全草可供药用，有止痛、消炎、镇咳作用。

（五）麻花头

麻花头是菊科麻花头属多年生草本植物。

繁殖方式：种子繁殖。

明显特征：根状茎横走，黑褐色；茎直立，上部少分枝或不分枝，中部以下被稀疏或稠密的节毛，基部被残存的纤维状撕裂的叶柄。基生叶及下部茎叶长椭圆形，羽状深裂，全部裂片长椭圆形至宽线形，全缘或有锯齿或少锯齿，顶端急尖；中部茎叶与基生叶及下部茎叶同形，并同样分裂，但无柄或有极短的柄。头状花序少数，单生茎枝顶端，但不形成明显的伞房花序式排列，花序梗或花序枝伸长，几裸露，无叶，总苞卵形或长卵形，全部小花红色、红紫色或白色。瘦果楔状长椭圆形，褐色。花果期6—9月。

生境：生于山坡林缘、草原、草甸、路旁或田间。

用途：中等牧草可作为饲草；其花大且美丽，可作观赏植物。

(六)猪毛蒿

猪毛蒿是菊科蒿属多年生草本植物或近一、二年生草本植物,又名扫帚艾、石茵陈。

繁殖方式:种子繁殖。

明显特征:植株有浓烈的香气;根状茎粗短,直立,半木质或木质,常有细的营养枝,枝上密生叶。叶长卵形或椭圆形,二至三回羽状全裂,具长柄;茎下部叶初时两面密被灰白或灰黄色绢质柔毛,长卵形或椭圆形,二至三回羽状全裂,每侧有裂片3~4枚,再次羽状全裂,小裂片狭线形;中部叶初时两面被短柔毛,长圆形或长卵形,一至二回羽状全裂,小裂片丝线形或毛发状;茎上部叶与分枝叶及苞片叶全裂或不分裂。头状花序近球形,稀近卵球形,基部有线形小苞叶,在分枝上偏向外侧生长,排成复总状或复穗状花序,在茎上组成开展的圆锥花序。瘦果倒卵圆形或长圆形,褐色。花果期7—10月。

生境:在半干旱或半湿润地区的山坡、林缘、路旁、草原、黄土高原、荒漠边缘地区常见。

用途:味苦、辛,微寒。入药治黄疸型肝炎、尿少色黄、胆囊炎等。

(七)蒲公英

蒲公英是菊科蒲公英属多年生草本植物，又名婆婆丁。

繁殖方式：种子繁殖。

明显特征：叶倒卵状披针形、倒披针形或长圆状披针形，边缘有时具波状齿或羽状深裂，有时倒向羽状深裂或大头羽状深裂，顶端裂片较大，三角形或三角状戟形，全缘或具齿，裂片三角形或三角状披针形，通常具齿，平展或倒向，裂片间常生小齿，基部渐窄成叶柄，叶柄及主脉常带红紫色，疏被蛛丝状白色柔毛或几无毛。花葶1至数个，上部紫红色，密被蛛丝状白色长柔毛。头状花序，总苞钟状，淡绿色，外层总苞片卵状披针形或披针形，边缘宽膜质，基部淡绿色，上部紫红色，先端背面增厚或具角状突起；内层总苞片线状披针形，先端紫红色，背面具小角状突起。瘦果倒卵状披针形，暗褐色，上部具小刺，下部具成行小瘤，顶端渐收缩成长约1mm圆锥形或圆柱形喙基。花期4—9月，果期5—10月。

生境：分布广，植株大小变异较大，广泛生于中、低海拔地区的山坡草地、路边、田野、河滩。

用途：全草供药用，有清热解毒、消肿散结功效。

十、马齿苋科

马齿苋

马齿苋是马齿苋科马齿苋属一年生草本植物，又名马苋菜。

繁殖方式：种子繁殖。

明显特征：茎平卧，伏地铺散，枝淡绿色或带暗红色。叶互生，叶片扁平，肥厚，似马齿状，上面暗绿色，下面淡绿色或带暗红色；叶柄粗短。花无梗，午时盛开；苞片叶状；萼片绿色，盔形；花瓣黄色，倒卵形。蒴果卵球形；种子细小，偏斜球形，黑褐色，有光泽。花期5—8月，果期6—9月。

生境：性喜肥沃土壤，耐旱亦耐涝，适应性强，生于菜园、农田、路旁，为田间常见杂草。

用途：生食、烹食均可。全草供药用，有清热利湿、解毒消肿、消炎、止渴、利尿作用。可做兽药和农药，也是很好的饲料。

十一、牻牛儿苗科

牻牛儿苗

牻牛儿苗是牻牛儿苗科牻牛儿苗属多年生草本植物，又名太阳花。

繁殖方式：种子繁殖。

明显特征：直根，较粗壮，少分枝；茎多数，仰卧或蔓生，具节，被柔毛。叶对生；托叶三角状披针形，分离，边缘具缘毛；基生叶和茎下部叶具长柄，叶片卵形或三角状卵形，基部心形，二回羽状深裂，小裂片卵状条形，全缘或具疏齿。伞形花序腋生，明显长于叶；苞片狭披针形，分离；花梗等于或稍长于花，花期直立，果期开展，上部向上弯曲；萼片矩圆状卵形，先端具长芒，花瓣紫红色，倒卵形，等于或稍长于萼片，先端圆形或微凹。蒴果；种子褐色，具斑点。花期6—8月，果期8—9月。

生境：生于干山坡、农田边、沙质河滩地和草原凹地等。

用途：全草供药用，有祛风除湿和清热解毒功效。

十二、蔷薇科

（一）地榆

地榆是蔷薇科地榆属多年生草本植物。

繁殖方式：种子繁殖。

明显特征：根粗壮，多呈纺锤形，稀圆柱形，表面棕褐色或紫褐色，有纵皱及横裂纹，横切面黄白或紫红色。茎直立，有棱。基生叶为羽状复叶；小叶片有短柄，卵形或长圆状卵形，边缘有多数粗大圆钝稀急尖的锯齿；茎生叶较少，小叶片有短柄至几无柄，长圆形至长圆披针形；基生叶托叶膜质，褐色，茎生叶托叶大，草质，半卵形。穗状花序椭圆形、圆柱形或卵球形，直立，从花序顶端向下开放；苞片膜质，披针形；萼片紫红色，椭圆形至宽卵形，中央微有纵棱脊，顶端常具短尖头。果实包藏在宿存萼筒内，外面有4棱。花果期7—10月。

生境：生于草原、草甸、山坡草地、灌丛中、疏林下。

用途：根为止血要药，并可治疗烧伤、烫伤。有些地区用地榆提制栲胶；其嫩叶可食，也可代茶饮。

（二）委陵菜

委陵菜是蔷薇科委陵菜属多年生草本植物。

繁殖方式：种子繁殖。

明显特征：根粗壮，圆柱形，稍木质化。花茎直立或上升。基生叶为羽状复叶，有小叶5~15对；小叶片对生或互生，上部小叶较长，向下逐渐减小，无柄，长圆形、倒卵形或长圆披针形，边缘羽状中裂，裂片三角状卵形、三角状披针形或长圆状披针形，边缘向下反卷，上面绿色，中脉下陷，茎生叶与基生叶相似，唯叶片对数较少；基生叶托叶近膜质，褐色；茎生叶托叶草质，绿色，边缘锐裂。伞房状聚伞花序，花梗基部有披针形苞片；萼片三角状卵形，顶端急尖，副萼片带形或披针形，顶端尖；花瓣黄色，宽倒卵形，顶端微凹，比萼片稍长。瘦果卵球形，深褐色，有明显皱纹。花果期4—10月。

生境：生于山坡草地、沟谷、林缘、灌丛或疏林下。

用途：根含鞣质，可提制栲胶。全草入药，能清热解毒、止血、止痢。嫩苗可食。

十三、茄科

龙葵

龙葵是茄科茄属一年生草本植物，又名黑天天。

繁殖方式：种子繁殖。

明显特征：茎直立，多分枝，无棱或棱不明显，绿色或紫色，近无毛或被微柔毛。叶卵形，先端短尖，基部楔形至阔楔形而下延至叶柄，全缘或每边具不规则的波状粗齿，光滑或两面均被稀疏短柔毛。蝎尾状花序腋外生，近无毛或具短柔毛；萼小，浅杯状，萼齿卵圆形，先端圆，基部两齿间连接处成角度；花冠白色，筒部隐于萼内，裂片卵圆形；花丝短，花药黄色，顶孔向内；子房卵形，中部以下被白色茸毛，柱头小，头状。浆果球形，两侧压扁。

生境：喜生于山沟路旁、田间地头、荒地、村庄及农家院落附近。

用途：全株入药，可散瘀消肿，清热解毒。

十四、石蒜科

蒙古韭

蒙古韭是石蒜科葱属多年生草本植物。

繁殖方式：种子繁殖。

明显特征：鳞茎密集丛生，圆柱状，外皮褐黄色，纤维状。叶半圆柱状至圆柱状，比花葶短。花葶圆柱状，下部被叶鞘；总苞单侧开裂，宿存；伞形花序半球状至球状，具多而通常密集的花；小花梗近等长；花淡红色、淡紫色至紫红色；花被片卵状矩圆形，先端钝圆，内轮的常比外轮的长；花丝近等长，基部合生并与花被片贴生；子房倒卵状球形；花柱略比子房长，不伸出花被外。

生境：生于荒漠、沙地或干旱山坡。

用途：食用，是产地牧民常食用的野生蔬菜；药用，全草入药，主治痢疾、秃疮、冻疮；饲用，是优等饲用植物。

十五、石竹科

石竹

石竹是石竹科石竹属多年生草本植物，又名山竹子。

繁殖方式：种子繁殖。

明显特征：全株无毛，带粉绿色。茎由根颈生出，疏丛生，直立，上部分枝。叶片线状披针形，全缘或有细小齿，中脉较明显。花单生枝端或数花集成聚伞花序；苞片卵形，顶端长渐尖，边缘膜质；花萼圆筒形，有纵条纹，萼齿披针形；花瓣瓣片倒卵状三角形，紫红色、粉红色、鲜红色或白色，顶缘不整齐齿裂，喉部有斑纹，疏生髯毛；雄蕊露出喉部外，花药蓝色；子房长圆形，花柱线形。蒴果圆筒形，包于宿存萼内，顶端4裂；种子黑色，扁圆形。花期5—6月，果期7—9月。

生境：生于草原和山坡草地。

用途：是很好的观赏花卉。根和全草入药，清热利尿，破血通经，散瘀消肿。

十六、天门冬科

知母

知母是天门冬科知母属多年生草本植物。

繁殖方式：种子繁殖。

明显特征：根状茎为残存的叶鞘所覆盖。叶向先端渐尖而成近丝状，基部渐宽而成鞘状，具多条平行脉，没有明显的中脉。花葶比叶长得多；总状花序通常较长；苞片小，卵形或卵圆形，先端长渐尖；花粉红色、淡紫色至白色。蒴果狭椭圆形，顶端有短喙。花果期6—9月。

生境：生于山坡、草地或路旁较干燥或向阳的地方。

用途：药用，有清热泻火，滋阴润燥，利大小便功效。

十七、苋科

（一）地肤

地肤是苋科沙冰藜属一年生草本植物，又名扫帚苗、扫帚菜。

繁殖方式：种子繁殖。

明显特征：根略呈纺锤形。茎直立，圆柱状，淡绿色或带紫红色，有多数条棱，稍有短柔毛或下部几无毛；分枝稀疏，斜上。叶为平面叶，披针形或条状披针形，无毛或稍有毛，通常有3条明显的主脉，边缘有疏生的锈色绢状缘毛；茎上部叶较小，无柄，1脉。花两性或雌性，通常1~3个生于上部叶腋，构成疏穗状圆锥状花序，花下有时有锈色长柔毛；花被近球形，淡绿色，裂片近三角形，无毛或先端稍有毛；翅状附属物三角形至倒卵形，有时近扇形，膜质，脉不很明显，边缘微波状或具缺刻。胞果扁球形，果皮膜质，与种子离生。种子卵形，黑褐色，稍有光泽；胚环形，胚乳块状。花期6—9月，果期7—10月。

生境：生于田边、路旁、荒地等处。

用途：幼苗可做蔬菜；果实称“地肤子”，为常用中药；老株可用来做扫帚。

（二）灰绿藜

灰绿藜是苋科藜属一年生草本植物。

繁殖方式：种子繁殖。

明显特征：茎平卧或外倾，具条棱及绿色或紫红色色条。叶片矩圆状卵形至披针形，肥厚，先端急尖或钝，基部渐狭，边缘有缺刻状锯齿，上面无粉，平滑，下面有粉而呈灰白色，有时稍带紫红色；中脉明显，黄绿色。花两性兼有雌性，通常数花聚成团伞花序，再于分枝上排列成有间断而通常短于叶的穗状或圆锥状花序；花被裂片3～4，浅绿色，稍肥厚，通常无粉，狭矩圆形或倒卵状披针形，先端通常钝。胞果顶端露于花被外，果皮膜质，黄白色。种子扁球形，横生、斜生及直立，暗褐色或红褐色，边缘钝，表面有细点纹。花果期5—10月。

生境：生于农田、菜园、水边等轻度盐碱化土壤上。

用途：叶可作为人类食品添加剂和饲料添加剂，幼嫩植株可做猪饲料。

（三）沙蓬

沙蓬是苋科沙蓬属一年生草本植物，又名沙米。

繁殖方式：种子繁殖。

明显特征：茎直立，坚硬，具不明显的条棱，幼时密被分枝毛，后脱落；由基部分枝，最下部的一层分枝通常对生或轮生，平卧，上部枝条互生，斜展。叶无柄，披针形、披针状条形或条形，叶脉浮凸，纵行。穗状花序腋生，卵圆状或椭圆状，无梗；苞片宽卵形，先端急缩，具小尖头，后期反折，背部密被分枝毛；花丝锥形，膜质；花药卵圆形。果实卵圆形或椭圆形，两面扁平或背部稍凸，上部边缘略具翅缘；果喙深裂成两个扁平的条状小喙，微向外弯，小喙先端外侧各具一小齿突。种子近圆形，光滑，有时具浅褐色的斑点。花果期8—10月。

生境：喜生于沙丘或流动沙丘之背风坡上，为我国北部沙漠地区常见的沙生植物。

用途：种子含丰富淀粉，可食；植株可做牲畜饲料。

（四）猪毛菜

猪毛菜是苋科猪毛菜属一年生草本植物。

繁殖方式：种子繁殖。

明显特征：茎自基部分枝，枝互生，伸展，茎、枝绿色，有白色或紫红色条纹，生短硬毛或近于无毛。叶片丝状圆柱形，伸展或微弯曲，生短硬毛，顶端有刺状尖，基部边缘膜质，稍扩展而下延。花序穗状，生枝条上部；苞片卵形，顶部延伸，有刺状尖，边缘膜质，背部有白色隆脊；小苞片狭披针形，顶端有刺状尖，苞片及小苞片与花序轴紧贴；花被片卵状披针形，膜质，顶端尖，果时变硬，自背面中上部生鸡冠状突起；花被片在突起以上部分，近革质，顶端为膜质，向中央折曲成平面，紧贴果实，有时在中央聚集成小圆锥体。种子横生或斜生。花期7—9月，果期9—10月。

生境：生于村边、路边及荒芜场所。

用途：全草入药，有降低血压作用；嫩茎、叶可供食用。

十八、旋花科

打碗花

打碗花是旋花科打碗花属一年生草本植物。

繁殖方式：种子繁殖。

明显特征：全体不被毛，植株通常矮小，常自基部分枝，具细长白色的根。茎细，平卧，有细棱。基部叶片长圆形，顶端圆，基部戟形，上部叶片3裂，中裂片长圆形或长圆状披针形，侧裂片近三角形，全缘或2~3裂，叶片基部心形或戟形。花腋生，1朵，花梗长于叶柄，有细棱；苞片宽卵形，顶端钝或锐尖至渐尖；萼片长圆形，顶端钝，具小短尖头，内萼片稍短；花冠淡紫色或淡红色，钟状，冠檐近截形或微裂；雄蕊近等长，花丝基部扩大，贴生于花冠管基部，被小鳞毛；子房无毛，裂片长圆形，扁平。蒴果卵球形，宿存萼片与之近等长或稍短。种子黑褐色，表面有小疣。

生境：分布广泛，是农田、荒地、路旁常见的杂草。

用途：根可药用。

十九、鸢尾科

马蔺

马蔺是鸢尾科鸢尾属多年生草本植物，又名白花马蔺、马莲。

繁殖方式：种子繁殖、分茎繁殖。

明显特征：根状茎粗壮，木质，斜伸，外包有大量致密的红紫色折断的老叶残留叶鞘及毛发状纤维；须根粗而长，黄白色，少分枝。叶基生，坚韧，灰绿色，条形或狭剑形，顶端渐尖，基部鞘状，带红紫色，无明显的中脉。花茎光滑；苞片草质，绿色，边缘白色，披针形顶端渐尖或长渐尖；花浅蓝色、蓝色或蓝紫色，花被上有较深色的条纹。蒴果长椭圆状柱形，有6条明显的肋，顶端有短喙；种子为不规则的多面体状，棕褐色，略有光泽。花期5—6月，果期 6—9月。

生境：生于荒地、路旁、山坡草地，尤以过度放牧的盐碱化草场上生长较多。

用途：可用于水土保持和改良盐碱土壤；叶在冬季可做饲料，并可供造纸及编织用；根的木质部可制刷子；花和种子可入药。

二十、紫葳科

角蒿

角蒿是紫葳科角蒿属一年生至多年生草本植物。

繁殖方式：种子繁殖。

明显特征：叶互生，二至三回羽状细裂，小叶不规则细裂，小裂片线状披针形，具细齿或全缘。顶生总状花序，疏散；小苞片绿色，线形；花萼钟状，绿色带紫红色，萼齿钻状，基部具腺体，萼齿间皱褶2浅裂；花冠淡玫瑰色或粉红色，有时带紫色，钟状漏斗形，花冠裂片圆形；雄蕊着生于花冠近基部，花药成对靠合。蒴果淡绿色，细圆柱形，顶端尾尖；种子扁圆形，细小，四周具透明膜质翅，顶端具缺刻。花期5—9月，果期10—11月。

生境：生于山坡、田野、草原等。

用途：药用，具有祛风除湿，活血止痛，解毒等功效；还可盆栽或植于庭园供观赏。

第三章 主要造林树种适用推广技术

一、杨树

杨树生长快，用途广。栽培杨树不仅有一定的经济效益，而且有很大的生态效益和社会效益。

（一）杨树的扦插育苗技术

1. 整地

选择地势平坦、肥沃、充分熟化的沙壤土且排水良好、有水浇条件的地块，秋季深翻25~30cm，有条件时可在翻地前施入腐熟的农家肥。翌年春季机械旋地后作垄，垄距60cm，拖平垄尖至垄上宽度15cm左右。

2. 插穗的采剪与保管

杨树扦插育苗以秋冬季采条，春季扦插育苗为好，割条的时间在当年11月以后或次年3月前进行。选择种纯、健壮、无病虫害、无损伤、木质化程度好的萌条做种条。2月末开始将种条剪成12~15cm长插穗，种条粗度最好是1~1.6cm，分级按100穗扎成一捆，入窖假植处理，在窖内用干净湿润的沙土埋藏，窖内温度保持在0℃以下。

插穗顶芽要饱满，剪口要光滑、平齐、无毛刺，不使表皮及木质部劈裂，插穗上端第一个芽距切口应1cm左右，每个插穗上应保留3~4个健全芽。

3. 插穗的处理及扦插

（1）杨树穗木在扦插前要全部浸入水中，浸泡时间一般在24小时左右。用生根粉（例如ABT生根粉）浸泡效果较好，浸泡时间根据使用说明可适当延长。

（2）扦插育苗时间要根据当地气候和土壤温度而定，一般在气温12～16℃，土壤温度稳定在8～11℃时开始，多在4月下旬至5月上旬。

（3）扦插行距60cm，每米扦插20株左右。扦插时下切口垂直插在垄上，上切口与垄保持水平。

（4）杨树扦插发根期长，发芽与生根不同步，有“假活”现象，加之春季风大干旱少雨，空气相对温度低，造成插穗水分亏缺而死亡。如果水量过大，会影响土壤的透气性，土壤湿度过大，还会降低地温，延长发根期，导致病苗、弱小苗，甚至插穗霉烂。

（5）扦插时要注意防止劈头、伤芽或芽折断，做到深浅一致，不偏插、不重插、不倒插、不串皮插，同时掌握好扦插密度，插后要踏实。

4. 扦插育苗后的田间管理

扦插地块的水分状况对插穗成活率影响很大，在整个生长期都不能缺水，特别是在高温和大风天气，地表一定要保持湿润状态。从扦插到成活期间，视天气及土壤含水量情况适时浇水。

插条育苗的管理工作较播种育苗简单，主要是及时除草、松土、摘芽。在苗木生长期，大约插条生长到15cm高时要及时进行“摘芽”，整个生长期摘芽次数在6次以上。

5. 培育大苗

培育大苗应选择充分熟化的土地，以沙质壤土为好。栽植密度为垄距60cm，株距50～100cm，春天栽植当年生苗或二根一干苗，也可采用母根苗繁育大苗，重点是加强水肥、松土除草及病虫害管理。

（二）造林技术

科尔沁区杨树造林主要品种有哲林4号、通辽杨、小黑杨系列、白城杨、小叶杨、银中杨、新疆杨等。

1. 适应土壤

造林地以选择水分充足、土壤肥沃的沙壤土为好，除盐碱土以外的土壤均适合。“四旁”地一般土壤肥沃，光照充足，林木生长快，成材早，适于营造杨树。

2. 苗木规格

农防林选用2～3年生、胸径2.5cm以上一级苗，苗高3.0～3.5m。片状造林可选用2年生、胸径1.5～2.5cm苗木或当年生苗木。

3. 整地规格及栽植模式

（1）农防林。全部采用机械修建半地下畦田整地，畦田内人工挖坑的整地方式。畦田底宽为行距每侧加50cm，深40cm。栽植坑规格（长×宽×深）为60cm×60cm×60cm，株行距为2m×2m或2m×3m。栽植模式图如下：

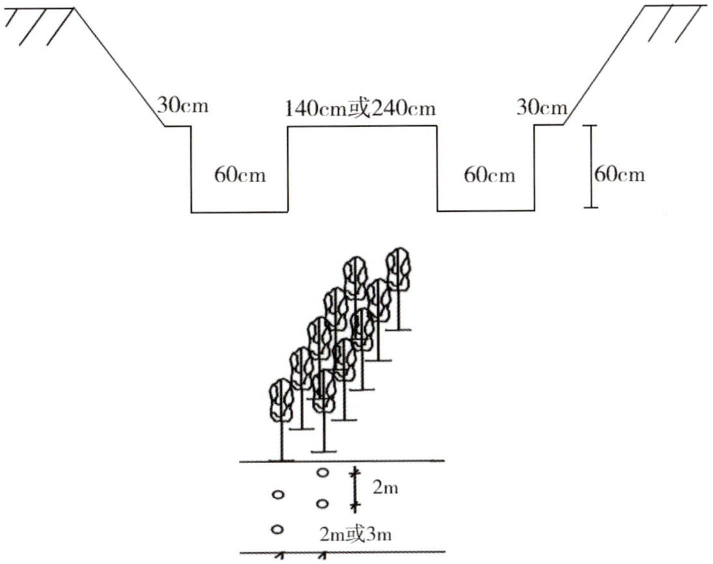

半地下畦田整地模式图

（2）固沙林。采用机械开沟，人工沟内挖坑的整地方式。机械开沟的规格是上口宽100cm，深40cm，开沟后在沟内挖栽植坑，栽植坑规格（长×宽×深）为50cm×50cm×50cm，株行距为2m×4m或1m×4m。栽植模式图如下：

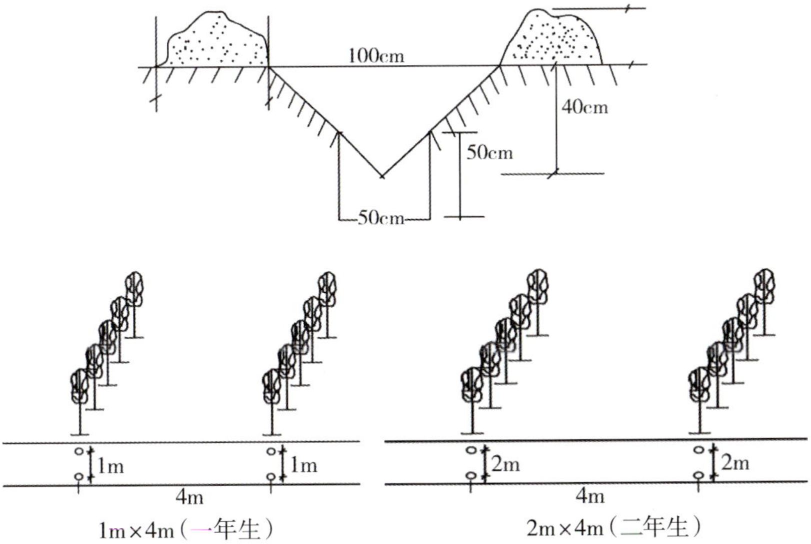

机械开沟整地模式图（一）

（3）两行一带模式。采用并列机械开沟两行、沟内人工挖栽植坑，或平地打埂做畦田、畦田内人工挖坑整地方式。栽植坑规格（长×宽×深）为50cm×50cm×50cm，株行距为2m×2m，带宽8m。栽植模式图如下：

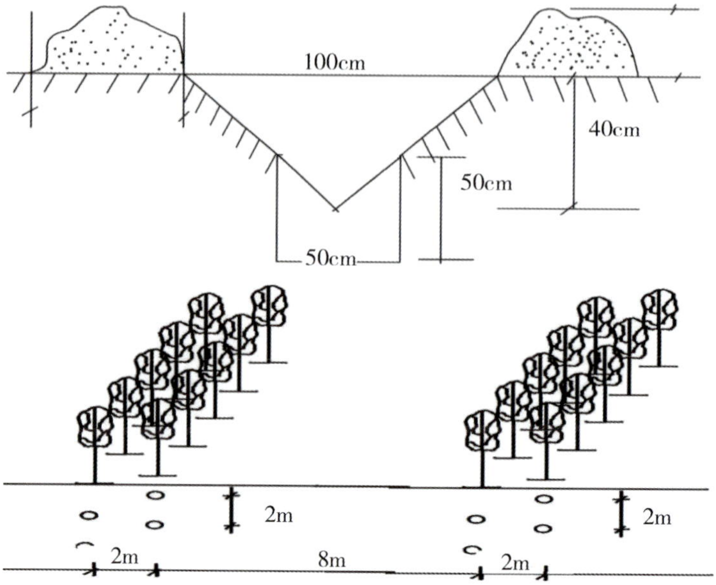

机械开沟整地模式图（二）

（三）栽植技术

1. 造林时间

造林时间一般在春季4月。

2. 起苗、运输、假植

起苗时保持苗木根系完整不劈裂，苗木无损伤。从起苗到栽植过程中要尽量减少苗木裸根时间，苗木运输时要适当保护好根系。以就近选苗源，随起苗随栽植为最好。造林面积大，施工时间长的，可在栽植地附近挖苗木假植沟，将苗木在沟内单行（一年生苗按单捆）排列好，用湿土把根系埋严并踏实，然后浇透水，保证苗木根系处于湿润状态，以增加苗木体内水分，提高造林成活率。

3. 栽植方法

苗木栽植前修去全部侧枝。适度修剪根系，保留根系长度20～25cm。修剪可减少风摇，减少枝条展叶用水和蒸发失水，有利于成活。适度剪断根有利于新根萌发。为提高造林成活率，可用生长调节剂，如ABT生根粉等进行蘸根。栽植时苗木垂直放入坑中，苗干应扶正，根系舒展不窝根，填土一半后提苗踩实，再填土踩实。在栽植过程中，要分次取苗，随取随栽。当天栽剩下的苗及时放回假植坑。

（四）抚育管护

1. 浇水

栽植后立即连续浇两次透水，待水下渗，及时扶正苗木，回填土踩实，以减少土壤水分蒸发，提升浇水效果。后期浇水时间可根据土壤墒情、苗木生长情况而定。除造林后头两遍水及封冻水、春季解冻水外，建议尽量采用节水浇灌技术，如微喷、滴灌等。

2. 松土除草

因土壤板结等严重影响苗木生长时，应及时松土。松土应在苗木周围50cm范围内进行，并做到内浅外深，不伤害苗木根系。造林后每年6—8月应采用机械或人工除草，保证树沟内无杂草。

3. 补植

结合浇水补植，可取备补的成活苗木，快速挖苗，尽量保证苗木根系土坨块大、不散，稳拿轻放，就近补植，埋土均匀并踏实。次年补植选同龄裸根苗木，要注意起苗、假植、浸泡、苗木修剪、栽植、浇水环节要求。

（五）主要病虫害防治

1. 腐烂病

腐烂病又称烂皮病，是多种杨树的重要病害之一，为害树木主干及枝梢。当造林方法不当或树木受干旱、霜冻等伤害时，病害最易流行。可采用营造混交林及物理方法和药物方法防治。

2. 杨潜叶金花虫

4月下旬至5月初成虫出现时以药物毒杀防治。

3. 杨毒蛾和柳毒蛾

这两种害虫是东北地区杨树重要的食叶害虫，春季4—5月上树为害。幼虫大量发生时，以药物毒杀防治。

4. 白杨透翅蛾

幼虫主要为害苗木及幼树的主干和枝梢，使受害部分形成虫瘿，易遭风折并影响树木干形和材质。应认真做好检疫工作，严禁带虫苗木调进和运出，要把有虫部分剪下烧掉，适时以药物毒杀防治。

5. 青杨天牛

每年5月前后在成虫出孔盛期进行防治。在树冠、树干上喷洒药物毒杀，结合冬季修枝人工剪除带虫瘿枝条。

二、柳树

柳树是杨柳科柳属落叶乔木，生长快，分布广，繁殖容易，树形美观，是“四旁”绿化、大地绿化等营造用材林、防护林的优良树种之一。

在东北地区柳树品种有旱柳（其变型有馒头柳、龙须柳等）、垂柳、圆头柳等。

柳树对不同的生态环境适应性强，在我国广泛分布，多属人工栽植，但北方有些河流两岸的滩地、低湿地等，也有小片天然林。

柳树是较耐寒的树种，在−39℃条件下，无冻害。成行栽植，生长旺盛，过密的林子容易分化。喜湿润，对于土壤水分有着特殊的要求，即在低湿地的柳树生长比沙丘地的快，前者能成林、成材，后者往往形成未老先衰的“小老树”。在特别干旱的沙丘地造林成活率低，成活植株易干枯而死亡。在通气良好、水肥充足的沙壤土上，柳树生长迅速。柳树枝干韧性较大，不易风折。在立地条件适宜及细致栽植管理下，柳树是一种速生树种。

（一）育苗

以插条育苗为主，选择能浇水、土层深厚、土壤肥沃、阳光照射和通气性较好的沙质土壤扦插育苗较为理想。柳树扦插必须选用无病虫害、易于成活的健康枝条，并对其进行相应处理。在扦插前，需对土壤进行施肥处理，以保证扦插枝条生长所需养分充足，提高柳树抗逆性。柳树扦插时间应选在春季4月下旬至5月初。

扦插的柳条插穗需提前进行修剪和处理。插穗适宜长度为12~15cm，每个插穗应保留3~4个侧芽或顶芽，在插穗底端剪成马蹄形状，以保证插穗的成活率。扦插前用洁净的水浸泡插穗2~3天，水需一天一换，可酌情在水中加入适量促进柳树生根发芽的化学药剂。在扦插时需将插穗斜插入土中，保证露出插穗上第一个芽以确保柳树生长，并保持各个插穗之间存在合适的距离。扦插工作完成后，需及时浇水并保证水量充足，使插穗与土壤紧密接触，促进插穗生根。待插穗上的芽裂开冒出新枝，需对新冒出的枝条进行抹芽处理，只留下生长最为旺盛的枝条，防止营养浪费，保证幼苗养分充足。

（二）造林

柳树造林方法主要有插干、插条和植苗造林。在造林生产中基本以植苗造林为主，下面重点介绍植苗造林。

1. 造林地选择及苗木规格

低湿地、“四旁”地、平原地、平地以及水分条件好的沙丘边缘的沙土至黏壤土地均可造林栽植。苗木选用2~3年生、胸径2.5cm以上、苗高3~3.5m的一级苗。

2. 整地

荒地要提前一年或一季进行带状或全面深耕整地，“四旁”栽植可以穴状整地。全部采用机械开沟或机械修建半地下畦田，畦田内人工挖栽植坑的整地方式。畦田底宽为行距每侧加50cm，深40cm。栽植坑规格（长×宽×深）为60cm×60cm×60cm，株行距为2m×2m或2m×3m。

3. 栽植技术

（1）栽植时间：春季4月。

（2）起苗、运输、假植：起苗时要保持苗木根系完整，不劈裂，无损伤。起苗后尽快栽植，最大限度缩短从起苗到栽植的间隔时间，起苗到栽植过程中要保证苗木根系不裸露、不被晒。对于造林面积大，造林时间长的，可在栽植地附近就近挖假植沟或坑，将苗木在沟或坑内排列好，用湿土把根系埋严并踏实，保证苗木根系处于湿润状态。异地调剂的（调进的）苗木，必须保证清水浸泡48小时以上，待充分吸水后栽植，以增加苗木体内水分，提高造林成活率。

（3）栽植方法：苗木在栽植前修去全部侧枝，适度修剪根系，保留根系长度20~25cm。栽植时苗木垂直放入栽植坑中，苗干应扶正，同时使苗木根系舒展不窝根，回填土达到一半时提苗并踩实，再填土踩实。在栽植过程中，要分次取苗，随取随栽。

4. 造林密度

（1）“四旁”绿化栽植：在生产中，“四旁”绿化大多是成行栽植，光照、通风较好，土壤营养面积也比较充足，采用4m的株距，可培养长成大树体，效果好；采用2m的株距，能体现出整体效果良好，但单树体长势受到影响，到一定时期要隔株拿掉。要求双行栽植的行距不少于3m。

（2）用材林：初植行距2.5~3m，株距2~2.5m；也可采用带状栽植，每带5~7行，带间距5~8m。

（3）防护林：行距2~2.5m，株距1.5~2m。

（三）抚育管理

1. 浇水

栽植后立即连续灌两次透水。待水下渗，及时扶正苗木，填土平穴，以减少土壤水分蒸发，提升浇水效果。以后浇水时间可根据土壤墒情、苗木生长情况而定。建议尽量采用节水浇灌技术，如微喷、滴灌等。

2. 松土除草

因土壤板结等严重影响苗木生长时，宜及时松土。松土应在苗木周围50cm范围内进行，并做到内浅外深，不伤害苗木根系。造林后的3年内每年6—8月应采用机械或人工除草，保证栽植的树沟内无杂草。

3. 补植

结合浇水补植，可取备补的成活苗木，快速挖苗，尽量保证苗木根系土坨块大、不散，稳拿轻放。次年补植选同龄裸根苗木，要注意起苗、假植、浸泡、苗木修剪、栽植、浇水环节要求。

（四）主要病虫害防治

1. 光肩星天牛

一是加强栽培管理，增强树势，减少虫害。二是用熏蒸法防治幼树上的幼虫，在2m以下的主干上每个排粪孔插入1根磷化锌毒签或放入1/4片磷化铝，用泥密封。对于高大的树木，也可在9月中下旬用内吸剂注射法防治危害韧皮部的低龄幼虫，在树干基部打孔注射40%氧化乐果乳油，每株用原液9~12ml即可。三是在6月中旬、7月上旬成虫期可喷施高效氯氰菊酯杀灭成虫。

2. 柳树白粉病

一是适度修剪，清除病残物集中烧毁，保持树冠通风透光。二是及早喷药控病。可交替喷施25%粉锈宁可湿粉2500倍液，或50%甲基硫菌灵硫黄悬浮剂700倍液，或45%石硫合剂。高温季节喷硫制剂宜适当降低浓度，并避开一日中高温时段喷施。

3. 柳锈病

幼苗、幼树受害率较高，尤其播种育苗，初期苗地湿润，密度又大，就更易感染蔓延。主要用药物防治。

4. 柳毒蛾

以药物毒杀防治。

5. 柳天蛾

以药物毒杀防治。

6. 柳金花虫

成虫体长椭圆形，蓝绿色有金属光泽，前胸背板两侧黄色，鞘翅棕黄色，各有10个黑色斑点，幼虫为害叶片。以药物毒杀防治。

7. 柳干木蠹蛾

幼虫为害树干。蛾灰褐色，体长20~35mm，展翅35~65mm，触角较长，下侧无鳃状片。以药物毒杀防治。

三、白榆

白榆生长快，材质好，分布广，对生长环境要求不严，适应性强。在通辽地区主要有小叶榆，嫁接的垂榆、金叶榆等，是村屯及“四旁”绿化、用材林、防护林和盐碱地造林的主要树种。

（一）采种育苗

1. 种子采集

选择15~30年生的健壮树进行采种，果实在5月间由绿色变为黄色时即可采收。种子采收后放在通风的地方阴干，清除杂物即可播种。最好是种子采收后及时播种，否则会降低发芽率。白榆种子发芽率一般为65%~85%，种子千粒重7.7g，每千克种子12万~13万粒。

2. 育苗地选择、整地及播种

应选择排水良好、土壤肥沃的沙壤土或壤土地作为育苗地。播种的前一年秋季进行整地，深翻25~30cm，翌年春季每亩均匀撒施基肥（腐熟的农家肥）2000~3000kg，同时混拌敌百虫等药剂毒杀地下害虫，然后进行机械旋地两遍，深度15~20cm。按照4m的距离作畦田，在畦田内作垄，垄间距60cm，把垄尖拖平后浇水。种子一般不必进行处理，如果进行处理，可混拌湿沙（1∶1），在背风阳光处放置2~3天，每天翻动数次，微露出白色幼芽时播种。在播种前需要对育苗地进行浇水，水分全部渗入土中，待土不粘手时进行播种。多采用条播，条幅宽3cm，条深3~5cm，播种后覆土1cm左右，稍加镇压，以保持土壤湿度，有利于发芽。每亩播种量2~3kg。播后10余天幼苗出土，小苗长出2~3片真叶时，开始间苗，苗高5~6cm时定苗，每亩均匀留苗3万株左右。间苗后要适当浇水，保持土壤湿润。

3. 苗期管理

幼苗生长阶段要经常除草，苗木稍大时期要结合松土进行除草，注意不要伤害苗根。雨后和浇水后要及时松土，避免土壤板结。追肥和浇水可结合进行，在6—7月追肥较好，在8月初停止追肥，以利于苗木木质化。在发生榆树炭疽病的地方，可每周用1%的波尔多液喷洒一次。

（二）造林

用白榆造林有植苗造林和直播造林两种方法，但在实际造林中基本采用植苗造林。

造林季节分春、秋两季，春季造林是在土壤解冻后至苗木萌发前进行，秋季造林是在苗木落叶后至土壤封冻前进行。

1. 村屯及“四旁”栽植

在土层较深厚、肥沃，水分条件好的地方栽植容易成活，采用2~3年生的大苗栽植。植树坑的径、深均在50cm左右，剪去苗木过长的主根和侧根，把苗木放置在栽植坑的中央，轻提苗，填入细土踩实，然后浇水，待水渗后扶正培土。大面积造林时，要选择土壤肥沃、有水浇条件的沙壤土或壤土作为造林地，并进行细致整地。整地主要是机械翻地、旋地，按照造林设计规格进行机械开沟造林，在沟内按照苗木栽植株距挖栽植坑栽植，用1年生苗木造林时，栽植坑的径、深均应在30cm左右，可以适当密植，有利于培养干形，促进树高生长。一般是行距2m，株距1.5~2m。

2. 盐碱地造林

轻盐碱地上可以在前一年的晚秋季节挖直径50~60cm，深60cm的大栽植坑，栽植坑四周修堰蓄水，达到洗碱脱盐的目的，在第二年的秋季栽植，苗木栽植时要拉入沙壤土进行混拌回填。重盐碱地上就要先改良土壤，拉入沙壤土撒施在造林地上，然后进行机械全面深翻，经过一年晾晒后，在春季可挖大栽植坑，苗木栽植时回填拉入的沙壤土，即换土回填。

3. 沙地造林

用2~3年生的白榆大苗，把苗木修枝截干，截干高度视具体情况确定，苗木的栽植深度不应低于50cm，及时浇水，成活率高、生长好。

（三）抚育管理

在苗木栽植后的2~3年内，应适当地进行浇水、松土除草和培土等作业，一是解决苗木需要水分的问题，消灭杂草，松土保墒；二是在盐碱地上还能有效地防止熟土层返碱。在行间可混合栽植紫穗槐，能够起到增加土壤肥力、促进幼苗生长的作用。

白榆在生长的幼龄期发枝较多，常造成枝杈横生，干形不良。经过多年的生产实践，人们针对白榆的抚育管理总结出“冬打头、夏控侧、轻修剪、重留冠”的办法。

“冬打头”：在冬季幼树落叶后到翌春萌发前进行，将当年生主枝剪去1/2，将剪口下3~4个侧枝剪去，其余剪去2/3。栽植后1~3年冬季剪去当年生枝长度1/3，并将剪口以下3~4个小枝剪去，其余不剪。

“夏控侧”：在夏季生长期剪去直立强壮的侧枝，以促进主枝生长。要掌握控强留弱，当年春季从剪口萌发的几个壮枝长到30cm时，留一个直立健壮枝作主干，其余均剪去长度的2/3，以控制生长。第二、三次剪枝分别在6月中下旬和7月中下旬进行，重点控制直立强壮的侧枝，剪去长度的1/2。

“轻修枝、重留冠”：随着幼树年龄的增长，不断调整树冠和树干比例。栽后第一年，树冠要占全树高度的3/4以上，对2~3年的幼树，树冠要占全树高度的2/3。具体可根据培育材种目标的不同来确定树干的高度，达到定干高度后，不再剪枝，使树冠扩大，加速生长。

（四）主要虫害防治

1. 榆紫金花虫

成虫鞘翅有紫红色条纹，一年发生一代，在土内越冬。幼虫、成虫均为害叶片，大发生时常把树叶全部吃光。防治方法：早春在成虫上树产卵之前喷洒药剂毒杀。

2. 黑绒金龟子

一年发生一代，成虫喜食嫩叶和幼芽，夜间和上午潜伏，午后群集为害，在温暖无风天气出现最多。防治方法：在成虫出现盛期，以灯光诱杀或喷洒药剂毒杀。

3. 榆天社蛾

一年发生一代，幼虫多群集在树叶上，昼夜取食。防治方法：幼虫群集时用药剂喷洒毒杀；成虫有趋光性，夜间可用灯光诱杀。

4. 榆毒蛾

成虫白色，与杨毒蛾相似。防治方法：用药剂喷洒毒杀。

四、樟子松

樟子松是我国东北地区主要速生用材、防护和“四旁”绿化的优良树种之一，树干通直，材质良好，用途广泛。其生长快，人工造林在6~7年生时即可进入高生长旺盛期。

（一）育苗

1. 种子催芽处理

樟子松播种前，须经催芽处理，使种子出芽迅速、整齐、早日生根，并增强抗病能力。

催芽处理方法：将种子用0.3%高锰酸钾溶液浸种几分钟灭菌，取出用清水洗净，再用约30℃温水浸泡一昼夜，捞出种子稍晾干，将种子与河沙按体积1∶2混拌，保持含水量为饱和持水量的60%，种、沙温度为15~20℃，每天翻动一两次，催芽10多天，裂嘴达5%时即可播种。如系陈种子，浸种时间可长些，如地冻或土湿不能播种，应将种子放入窖内，降低温度，控制发芽。

2. 整地、作床、施肥

（1）樟子松对土壤肥力要求不高，但对水热条件、通气条件要求严格。播种地要在秋季进行翻耕，同时施入基肥量的40%，旋地或耙碎土块，翌年春季经过机械重复旋地后作床，作床时施入总基肥量的60%。床高15cm，宽100cm，长度不限，要求床平整，床内无土块。在降雨量少，干旱且风大、蒸发旺盛地区，可用低床。

（2）播种地应以基肥为主，基肥与追肥相结合，迟效肥与速效肥相结合，有机肥料与无机肥料相结合。采取分期分层的方法进行施肥，一般情况下施厩肥或草炭，但在沙地可用河泥，以利于保水和调节地表温度。

3. 播种

春季播种，在立枯病严重地区，播种前要进行土壤消毒。每平方米用40～60ml的工业用硫酸，加水6L或稍多，对床面进行均匀浇水施入，使土层湿润3cm，经1周后播种。播种量一级种子每亩3.5kg，二级种子每亩4kg，三级种子每亩5kg。覆土厚度为0.5～1cm，覆盖要均匀，以草炭粉、锯木屑和土混合物作覆盖物，覆土后镇压，减少水分蒸发。播种后浇水，经常保持土壤湿润。在浇水条件好，春季风速小的地方，不必覆草。在播种后的覆土面上，喷灌除草醚（按有效量）每平方米0.5～1g灭草。在干旱地区或沙地，要覆草，以保持土壤水分和控制床面温度。

4. 苗期管理

一般情况下，播种后15～20天苗木出齐。出苗后为防止立枯病，每周喷一次0.5%～1.0%的波尔多液，至6月下旬为止。在高生长速生期结束前，要注意浇水，前期要掌握量少次多的原则，既供给苗木所需水分，又调节床面温度，减轻日灼。雨季来临后，视降水多少，确定浇水与否。生长后期，应降低土壤湿度，以免苗木徒长，影响越冬。科尔沁区春季风大，播种后应在上风向设置防风障，至6月中旬季风已过，沙粒不易被风刮起，即可撤除。

5. 幼苗覆土越冬

为了防止土壤冻结期间苗木失水，尤其要防止春季苗木地上部分开始萌动，而土未解冻苗根不能吸水，造成生理干旱，应在秋季土壤将要结冻前，将步道土打碎，覆盖苗床，以苗梢全部埋盖为度。翌年春4月上、中旬化冻即可撤除。

6. 起苗

樟子松造林最好是春季随起苗随造林，缩短苗木保管时间，防止发霉和风干，有利于提高造林成活率。缺点是影响前一年的圃地翻耕；由于苗床化冻不够深，推迟起苗时间，影响造林进度。如有充分的窖藏或假植条件，保证苗木质量，也可秋季起苗春季造林。无论什么时期起苗，都要先除掉苗床上的覆盖物，然后在苗床一端开出深沟，依次掘取。掘苗前如床土过干，应先浇水，掘苗后立即拣苗。拣苗时，须将土块轻轻压碎拣出苗木，如有条件时苗根可带些土，不要拔苗或摔苗，保持苗木根系完整。

此外，在苗木贮藏、包装、运输、假植等各个环节中，都必须注意保护好根系，防止风吹日晒，否则会严重影响造林成活率。

7. 换床苗的培育

樟子松苗通常在苗圃培育2年。第二年换床培育，换床密度一般为每平方米200～220株。

换床后要精心地进行田间管理，促进苗全、苗壮。一般每亩产苗7万~8万株，苗高可达15cm，地径0.4cm以上。

（二）造林及幼林抚育管理

1. 造林地选择

在沙壤土、沙地及其他土层瘠薄的地段上均适于栽植樟子松。

2. 整地

在土层浅薄，容易引起土壤冲刷的地段，宜进行块状整地，一般规格为30cm×50cm或50cm×50cm；或机械开沟整地，开沟深度20~30cm，铲去草皮，打碎土块，掘出树根等。灌丛和低密度萌蘖林地段，在整地前进行割带，一般带宽1~1.5m，带内割去树木、灌木和大草，在带内进行带状或块状整地。平坦地，为蓄水保墒，可全面整地。风蚀沙地，随挖坑随栽，不必先整地。

整地在春、夏、秋三季都可进行，但以夏季最好。因夏季地温高、雨水多，杂草嫩小，草籽尚未成熟，易腐烂，可增加土壤肥力。一般在造林前一年的秋季以前进行整地，实行造林地隔年休闲；新采伐迹地、撂荒地杂草少，土壤结构好，可随整地随造林。

3. 栽植

一般采用明穴栽植法，但有的地区采用窄缝栽植法，效果好，湿土不离坑，保墒，可减少挖土和回填土工序，栽植工效高。

樟子松苗木根系纤细，易于风干，新根形成部位的局限性大，根系断伤后不易形成新根，因此，保护好苗木根系对提高造林成活率有重要作用。有关樟子松栽植的试验证明，即使土壤中的水分极为充足，如苗木失去须根，栽植后也不易成活。

栽植时尽量减少根系的暴露时间，用苗木罐装苗，罐内放水或湿草，或用塑料袋装苗，切勿伤根。

苗木的大小影响造林成果。生产实践证明，用2年生苗木造林效果好，容易成活，保存率稳定，幼林生长也快。1年生苗木过小，对外界抵抗力弱，抚育时易伤苗，越冬死亡率高。3年生苗木掘取时伤根过多，栽植后成活率低。

4. 造林季节

樟子松造林以春季为好，要不违“林时”，抢墒造林。早春土壤水分较多，苗木根系生根能力旺盛，是造林的最好季节。一般土壤解冻够深就顶浆造林，但在多风的干旱地区，应躲过大风期，也可以进行雨季造林。

5. 造林密度

栽植过密，林木的营养面积和空间不足，互相挤压，影响林木生长发育，而且造林时费苗、费工。栽植过稀，树冠大、侧枝多、干形不良、产量低。栽植密度可根据造林类别确定，一般株行距为1m×4m、1.5m×4m、2m×4m、3m×4m，2m×5m等。

6. 幼林抚育

抚育年限一般为3年，各年抚育次数以3次、2次、1次为宜，但根据杂草繁茂程度和立地条件的不同，可适当增加或减少。培土时间在土壤要结冻以前，撤土要在山桃刚开花或山杏要开花时进行，过早撤土苗木易受风害，稍晚则易引起苗木腐烂，必须做到适时撤土。在撤土时要仔细地将土撤净，使侧枝完全露出，切勿损伤顶芽。

在下木和非目的树种繁茂的造林地，造林5～6年后，要及时进行透光伐，应一次伐除全部灌丛和非目的树种。

（三）流动沙丘和半固定沙丘的栽植技术

关键在于如何保护幼树免受沙埋、沙割（沙粒打击）及风蚀的危害。必须先栽植固沙植物用以固沙，当地面流沙基本上停止流动时，再借助于铺草或插草墙的办法才能进行造林，否则大风一起，严重的沙埋、沙割和风蚀可致幼树死亡。

（四）樟子松营养钵苗的栽植

樟子松苗木是在营养钵内培养1~3年的基础上移到造林地里的，由于营养钵苗的苗木根系具有一定的保护作用，能够有效地提高造林成活率。营养钵苗造林应该注意以下几点：

1. 造林地的整地

一是机械旋耕造林行，然后在旋完的行内机械修筑地上小畦田，小畦田上开口1m，在小畦田内按株距标准栽植。二是机械开沟（开沟深度在25cm左右即可），然后在沟内按标准株距栽植。三是要求有杂草、蒿子高的造林地用机械打理一遍，减少火灾危险，便于管理。

2. 苗木选择

一是苗木状态及使用的营养钵的大小。二是无病虫害、生长健壮、须根发达（在苗木地里拔1~2棵检查须根情况）的苗木。三是营养钵的大小与苗高、地径及根系应该是匹配的。四是检查营养钵内土的情况，是否形成土坨。五是苗木的运输、装苗及卸苗，要轻拿轻放、减少挤压。

3. 苗木栽植

及时起苗装车、及时运输、及时栽植、及时浇水等，抓紧做到这几个环节非常重要。因为苗木在装车运输的过程中，营养钵内的土壤和苗木根系发生了松动，大部分的须根受到了破坏，所以要及时栽植。

栽植时挖坑深度和直径要分别大于营养钵深度及钵体直径最少5cm，然后坑底回少许表土放苗，放苗时将营养钵底用刀划开，最简单的做法也得划个十字，营养钵四周回土并踩实，切记不要踩营养钵面上的土。

4. 浇水

栽植后及时浇透水，以后就是常规管理了。

五、山杏

山杏是蔷薇科杏属植物，适应性强，在-30℃～-40℃的低温下能安全越冬生长；在7—8月干旱季节，当土壤含水率仅3%～5%时，仍可保持叶色浓绿，生长正常。

（一）苗木培育

1. 种子采集

选择发育健壮、树冠正常、结实量大、没有病虫害的树作为母树，在种子成熟时采集。

2. 苗木培育

（1）选择地势平坦、土质较肥沃并能浇水、排水的地块育苗。秋季机械翻地深度为25～30cm，结合翻地可施入腐熟的农家肥，翻地后机械旋地。可秋播也可春播。

（2）春季播种须进行种子处理。在土壤结冻前，先将种子浸泡2天并进行消毒，然后将种子与3倍量湿沙混拌均匀后放入坑内，坑深80～100cm，上面盖20～30cm厚土。第二年4月初，把种子从坑内取出，在背阴处堆放，用塑料布盖上，经常翻动，等到有1/3的种子裂嘴后进行播种。播种时间为4月中、下旬。秋季播种的，种子浸泡消毒后即可播种。

（3）山杏种子每千克1000～1400粒，根据发芽率和产苗量来确定播种量。山杏的播种适合点播，按照预定的株行距作垄播种，随播种随覆土、镇压，播种深度在5cm左右，播种后要及时浇水。亩播种量在20～25kg，亩产苗2万株左右。

（4）播种后及苗期要加强管理，及时浇水、除草、间苗和补苗、中耕施肥、防治病虫害等。

（二）造林

选择土层较厚、土质较好的沙壤土或平缓沙沼地造林，宜进行乔、灌混交造林。造林苗木要用根系发达、芽饱满、无病虫害和机械伤害的壮苗。从起苗、运苗到栽植，注意保湿，严禁失水。栽植株行距2m×3m或1.5m×4m，每亩栽植111株。荒地造林在前一年雨季整地。整地栽植方法同常规造林。退耕还林地无须整地，栽植后浇透水。造林第一年要视旱情适时浇水，确保成活。

（三）丰产技术

1. 树下管理

为了促进树木生长，提高产量，必须除草松土和深翻熟化土壤，深翻方式有环状深翻、隔行深翻和扩穴等。幼树可采用穴状或行间中耕的形式进行松土，每年进行2～3次。

2. 树体管理

山杏树喷施植物生长调节剂和微肥，可以显著提高坐果率，增加产量。可选用50ppm磷酸二氢钾、25ppm防落素、0.3%硼酸等，在山杏开花期和幼果膨大期喷施。施基肥，一般在土壤上冻前或早春，每株施农家肥20kg，施肥后浇足水。

3. 平茬更新

山杏栽植后2～3年结果，5～6年进入盛果期，15～20年进入衰老期。此时，就需要平茬更新，方法是在土壤封冻后，用利斧或快镐将山杏地上部分贴地砍去，然后埋上土堆，待翌春重新萌芽。山杏平茬后新枝萌蘖旺盛，需抹芽定株，一般每丛选留2～4条生长健壮、方位好的新枝定向培养。

（四）栽培技术

栽培山杏要选择土壤肥沃、土层深厚的沙质壤土或壤土地，pH 6.5～8.5，有水浇条件。

栽培品种选择优质、丰产和适应性强的龙王帽为主，授粉品种选择白玉扁、一窝蜂、优1等，主栽品种和授粉品种栽植株数的比例为10∶2。

苗木用一级苗，栽植前将接口处塑料条解除，将主侧根伤口剪至露出新茬（白茬），根长不少于20cm，4月中、下旬土壤解冻后，苗木萌芽前栽植。栽植株行距为2m×4m。

1. 整地与改土

造林地在前一年的秋季深翻25~30cm，翌年春季按栽植行开沟，在沟内按株距定点挖穴或机械钻栽植穴，穴口直径80cm，深80cm，穴底部填入10cm厚的腐熟的作物秸秆、树叶、杂草等，株施农家肥10~20kg，磷酸二铵或复合肥1kg，分层与表层土混合放入穴中，最后回填表土，浇水沉实。

2. 苗木定植

在栽植点中心挖直径30cm，深20~30cm的栽植坑，坑中心呈馒头状隆起，将苗木放于穴中心，按照"三埋二踩一提苗"的栽植技术，分层踏实填平，栽植深度以不高于原苗木土印痕迹3cm为宜。栽植后及时浇透水，然后扶正。为防止苗木生理干旱，在定干后，从上端套长50cm，直径4~5cm的塑料筒（均匀打孔），上下及中部扎紧，当苗木发芽后逐渐剪角，随着苗木的发芽生长，在以后的阴天或午后逐步撤去塑料袋。

3. 抚育管理技术

（1）深翻改土。深翻改土常与压绿肥结合进行，作业时间为每年的雨季，具体方式是在树行两侧轮流开沟深翻。利用挖出的熟土和割下的杂草或绿肥植物进行分层压青，最后将挖出的生土填于沟上面，促其熟化。

（2）土壤施肥。基肥以有机肥为主，追肥用复合肥料。春季开花前或夏季杏果采收后施用基肥，追肥分别在幼果膨大期和硬核期进行。

（3）根外追肥。在坐果期、果实快速膨大期、硬核开始期实施根外追肥。用喷雾器向树冠上均匀喷布0.5%磷酸二氢钾与0.3%尿素的混合液。

（4）适时浇水。开花前10~12天、硬核期和土壤结冻前分别浇水一次。

4. 整形修剪

（1）树体结构。

自然圆头形：干高60cm，树高3.0~3.5m，无明显中心干，全株5~8个主枝，在主干上错开排列，每个主枝上配留2~3个侧枝或结果枝组。

疏散分层形：基干高度 60cm左右，树高4.0m，有明显中心干。树体全株8~9个主枝，分3层错落排列在中心干上。

多主枝自由形：基干高度60cm，树高3.0~3.5m，在主干上错落着生长5~7个主枝，每个主枝上配留2个侧枝或直接着生结果枝组和结果枝。

（2）修剪原则。掌握因地因树修剪的原则，以低干矮冠、窄冠、小冠形为主；以冬剪为主，与夏剪相结合。幼龄树多疏少截，成龄树多截少疏，促控结合，树体的生长和结果相结合，合理调整各类结果枝和叶芽、花芽的比例。修剪后，长果枝占35%，中果枝和短果枝分别占20%

和30%左右，花束状结果枝占40%~50%，叶果比10∶1左右。

（3）因树修剪技术方法。

①对幼树的修剪。栽植当年进行定干，定干高度60~70cm。在第2年后至树体成形前，每年短截中心枝的延长枝和选留的主、侧枝，剪去新梢长度的1/3~2/5，促发分枝和延伸生长。同时采用支、撑、拉和“里芽外蹬”等方法扩张主枝角度，使主枝基角为50°~60°。对辅助营养枝进行摘心、短截、甩放，或环剥、扭梢、别枝、圈枝等，削弱其生长势，促其形成结果枝或结果枝组。成形后的幼树，每年剪掉主枝、侧枝的延长枝上产生的分枝，抑前促后，延缓结果部位外移。同时，采用先缩后放或先放后缩的办法培养结果枝组。

②成龄树修剪。每年短截主枝、侧枝的延长枝，剪去新梢长度的1/3~1/2，疏除1/5~1/2的花束状结果枝。短截中果枝和短果枝，剪去中果枝新梢长度的1/2和短果枝新梢长度的1/3。对衰弱的枝头，回缩至强枝以上3~5cm处。对生长冗长和开张角度过大的大枝回缩至1/2~2/3处，疏除过密的外围枝。回缩衰弱的结果枝和结果枝组，短截徒长枝，对长度20~30cm的夏梢摘心2~3次，促其当年形成花芽，培养新的结果枝组，让新、旧枝组交替结果，轮流更新。

③衰老树的更新复壮。采用隔株、隔行或株内轮流更新方式。春季萌芽前，按原树体骨干的主从关系，先主枝后侧枝依次回缩至韧皮部较厚且有1个健壮枝条或枝组的部位，经截去原枝1/3~1/2大枝回缩后，在萌出的新枝中选留合适的骨干枝，对其余的新枝待长出20~30cm长时进行摘心，促其形成结果枝。对于背上生长的旺盛新枝，待长出20cm长时进行摘心，待到二次枝发出后，选1~2个强壮的二次枝，在30cm处进行第2次摘心，当年即可形成花芽并培养成结果枝组。对树膛内发出的徒长枝，要经过2~3次摘心，培养成结果枝组。在更新骨干枝的同时，还要对各类结果枝组进行重度回缩，选择壮枝壮芽带头，培养大、中、小各类结果枝组。注意衰老树的更新复壮必须与加强肥水管理措施协同推进。

5. 保花保果

（1）喷施微量元素和植物激素。盛花期，向树冠上均匀喷布0.3%硫酸锌或硼砂溶液，以提高当年坐果率。在当年新梢长到15cm左右时，喷布植物生长延缓剂0.3% B9，或于上年10月上中旬喷布0.005%~0.01%赤霉素。春季发芽前，每株树根施多效唑1.5~2.0g，或在新梢长到10cm左右时喷布多效唑150~300倍液，以提高翌年坐果率。

（2）人工辅助授粉。

① 准备花粉：在开花前的1~2天，采集授粉树的花粉，放入装有干燥剂（氯化钙）的瓶内密封，置于0~5℃条件下保存。

② 辅助授粉：将花粉与淀粉或滑石粉按体积比1∶10混匀后，应用喷粉器喷粉。或将花粉、尿素、硼酸、葡萄糖、水按1∶1∶1∶1∶500的比例配成花粉液，再加少许豆浆，充分混匀后倒入干净的喷雾器中喷雾。辅助授粉要选在盛花期的无风天气进行，无论喷粉抑或喷雾皆要随

配随喷，喷布力求均匀周到。

（3）花期放蜂。花前2~3天，将蜂箱按照15箱/公顷的密度置于杏园内，放蜂前和放蜂期间停止喷洒化学农药。

（4）预防霜冻。一是灌水法，花期和幼果期如遇寒潮，可在寒潮来临前树下灌水，以增加空气湿度并提高露点温度，减轻冻害。二是喷洒抑蒸保温剂，在花蕾期和幼果期喷洒叶面增温剂或磷脂钠60倍液。

（五）病虫害防治

1. 病虫害防治原则

要注重开展病虫害预测预报，以预防为主，综合防治；保护和利用好天敌资源，注意清除病虫源；采取生物防治与化学防治相结合的技术路线；选用符合标准的高效、低毒、低残留农药进行防治；加强管理，增强树木自身的健康水准和抵抗力。

2. 树体保护对策

一是伤口处理。对修剪时锯大枝留下的锯口和折断的大枝，应及时锯掉劈裂部分并用刀削平锯口，涂上泥浆、白漆或树木伤口愈合剂。

二是树干涂白。涂白剂的配制方法：取生石灰7kg，食盐1kg，石硫合剂原液1kg，动物油100g，水18kg，先用少许水分别将生石灰和食盐化开，把溶化好的动物油倒入生石灰水中充分搅拌，再把剩下的水加入其中，最后加入盐水和石硫合剂液，混合均匀。为增加黏着度，使用时可再加入1kg水泥或2kg豆浆，搅拌均匀。树干涂白时期一般在初冬或早春。

六、五角枫

五角枫在我国东北、华北及长江流域均有栽植，是我国槭树科中分布最广的一种植物，是极具观赏价值的景观树种。由于枫叶能分泌挥发性杀菌物质，吸附烟尘及有害气体，净化空气，五角枫又适合作为绿化树种、生态林树种等。

（一）育苗技术

1. 采种

采种母树应为品质优良的壮年植株，在秋季五角枫翅果由绿色变为黄褐色时采种，采种后晒2~3天，去杂后袋藏备用。

2. 整地作床或作垄

苗圃地应当选择地势平坦、排灌方便、土层深厚、土壤肥沃的地块，通过细致翻地、旋地等方法进行整地，同时每亩施入腐熟农家肥或土杂肥2000~3000kg，饼肥100kg，尿素或二铵40kg，并筑成平床或作垄。

3. 播种

选择春季播种，播种前用50℃温水浸种10分钟，然后加入冷水浸一昼夜，捞出后置于背风向阳处，每天用温水冲洗一次，并搅拌均匀。待50%的种子裂开后，即可播种。采取条播方法，行距30~60cm，播种深度2cm，每亩播种10~25kg，覆土厚1.5~2cm。播种后上覆草帘等，保持土壤湿润。

4. 管理

一般播种后15~20天种子即可发芽，此时可揭去覆盖物。当苗高10cm时可间苗、定苗，保持苗木株距10~15cm。定苗后，每10~15天浇水、施肥一次，每次每亩施化肥5~8kg或施人粪尿500~750kg。适时中耕、除草，防治病虫害。9月停止施氮肥和浇水。当年苗木高1m左右，翌年春季进行移栽培育大苗。

（二）栽培管理要点

1. 移栽

五角枫根系较发达，侧根多，宜休眠期移栽。移栽时间以秋末或春季树木芽萌动前较佳，多在春季4月或秋季10月下旬左右。春季栽植宜早不宜晚，秋冬季节栽植宜晚不宜早。

若室内养护温度或自然气温在0℃以上，也可以进行移栽，最冷的12月至翌年1月不适宜移栽。

苗龄在2年以上的苗木可裸根进行栽植；苗龄在4年以上大苗适当修剪后带土球移栽，注意大苗修剪口要涂抹愈合剂，尽量避免土团破裂；容器苗带完整土球可全年进行移栽。

2. 苗木处理

选取树状丰盈、树干笔直的一、二级苗木，移植时先切断五角枫苗深埋于地下的根，要带土球。根据干高要求对苗木进行截冠处理，一般要求干高3～3.5m即可，剪口处要保持平滑，将伤口愈合剂等涂刷在剪口处。

3. 确定栽植密度

要注意栽植密度，不同植物栽植间距不同，相同植物不同作用栽植间距也不同。五角枫用作景观风景林时，栽植密度与荒山造林相同；用作行道树时，栽植株距一般为4～5m。

4. 挖栽植坑

按照栽植密度要求挖栽植坑，栽植坑的直径和深度应不少于80cm，挖出的表土和心土分别放置。

5. 栽植

栽植时为保护五角枫根尖根鞘，促进根系发育，苗根部要喷施新高脂膜，栽植坑内施足1～1.5kg腐熟的堆肥。对于栽植裸根苗，在放苗时苗木要竖直，保持根系舒展，用“三埋两踩一提苗”法，即土填一半时要先提苗，使苗木根颈处高于地面2～3cm或与地面相平，然后踩实，再填土、踩实，覆上虚土，清理栽植点；栽植带土球苗木放苗前先测出种植坑深度与土球高度，尽量使二者高度一致，苗木放入后保持竖直，土球与地面相平或略高，边填土边踏踩结实，做好树盘。裸根苗和带土球苗栽植的最后步骤都是浇透定根水，浇水后封土，以后结合旱情及时浇水，每隔1～2年追施有机肥一次。

6. 修剪

适当的枝体修剪可以增强树体本身的萌芽力度，有助于培育健壮的植株和保持树形的优美。五角枫的修剪在秋末休眠期前进行，要根据实际要求进行修剪，适量疏枝，控制枝条的分布，剪去病弱枝、徒长枝、交叉枝、重叠枝等枝条，以后达到预定高度前随着树高的增加逐年清除基部枝条。为了防止有害病菌侵袭感染树苗和促进植株伤口的愈合，修剪刀口要涂抹伤口愈合剂等。另外，每年的春季或5月中旬也要对枫树进行适当修剪。

7. 抚育管理

五角枫幼时生长较快，应加强抚育管理，以促进树体健壮和保持良好株形，每年抚育一两次，连续抚育5年以上。抚育的主要作业是松土、除草、查苗补缺，剪掉多余的枝叶和根部萌蘖，施氮肥或复合肥，保持充足的水分供给。除每年必浇土壤封冻前的越冬水和解冻后的解冻水外，浇水时间可根据干旱情况确定。栽植后的五角枫每年主干要涂高度为1m的涂白剂，花芽分化期要涂刷促花王2号调节营养。

（三）病虫害防治

五角枫的病虫害较少，预防应常年定期喷洒新高脂膜。较容易得的病害是白粉病、漆叶斑病、立枯病。

1. 白粉病

防治白粉病可用50%多菌灵可湿性粉剂800～1000倍液喷洒，或用70%的甲基托布津可湿粉喷洒，每半月1次，连续2～3次。

2. 漆叶斑病

向树冠喷65%代森锌400~500倍液防治，或于发病初期喷波尔多液1~2次。

3. 立枯病

用立枯净800～1000倍液喷洒树体3次或灌根防治。

4. 虫害

五角枫虫害发病比普通树木快，一定要及时防治。虫害主要是光肩星天牛等，以蛀干为主。天牛幼虫期可用80%敌敌畏乳剂1500倍液喷杀；或向蛀洞内注入40%乐果乳油100～200倍液，用泥土堵塞洞口；或对树干和地面喷绿色威雷200～300倍液。

七、沙棘

沙棘是胡颓子科沙棘属落叶灌木或乔木，是我国北方地区分布很广的树种之一。它适应能力强，繁殖容易，经济价值较高，广大群众有长期的栽培经验。

沙棘是喜光树种，也能生于疏林下，对气候和土壤的适应性很强。抗严寒、风沙，耐大气干旱和高温。尽管当年生枝条未充分木质化，也可安全越冬；不畏酷暑，在炽热高温下能正常生长。

对土壤要求不严，耐水湿和盐碱，也耐干旱瘠薄。能在地表5cm深处含水量达42%的山地草甸上和重碱性土（pH 9.5）以及含盐量达1.1%的盐碱地上生长，但不耐过于黏重的土壤。

生长较快，根系发达，主根浅，萌蘖性极强。通常5年生沙棘高在2m以上，根系主要分布在40cm深的土层内，根幅10多米。3年生沙棘开始产生根蘖苗，在撂荒地林缘每年可向外扩展2m左右。

沙棘有根瘤菌，枯枝落叶量多，改土作用强；枝叶稠密，萌芽力强，耐修剪。

（一）种子采集

一般沙棘3～5年开始结果，花期5—6月，果熟期9—10月。果实长期不落，采种期较长。果实出种率一般为7%～10%。种子千粒重9～10g，种子发芽率一般在92%以上。

（二）育苗

以播种育苗为主，也可用插条育苗。

1. 播种育苗

沙棘种子小，皮厚而硬，并附油脂状棕色胶膜，妨碍吸水，顶土能力差，幼苗孱弱，育苗应特别注意以下几点：

（1）宜选浇水条件好的沙壤土作育苗地，切忌黏重土壤。旱地育苗需提前深翻整地，做好蓄水保墒。播种前要施入基肥并翻地、旋地碎土。

（2）春季播种要适时早播，当土层5cm深处温度在9～10℃时，沙棘种子就可以发芽，14～16℃时最为适宜。一般以4月中下旬播种为好。

（3）在春播时要做好浸种催芽，用40～60℃温水浸泡1～2昼夜，再混沙处理，待有30%～40%的种子裂嘴时即可播种。

（4）播种前浇足底水，精细整地。种子覆土不能过深，一般覆土2～3cm即可。条播行距约60cm，每亩播种量2.5～3kg。

（5）在幼苗生长期当年间苗两次，第一次在幼苗长出真叶后拔去并列株的弱小株；第二次在第一次间苗后15～20天，进行定苗，每米留苗15～20株。间苗后应及时浇水松土。

（6）一年生幼苗要浇水四五次，及时松土除草，并可于6—7月追施速效氮肥一次，每亩7.5～10kg。

2. 插条育苗

插条育苗在春、秋两季都可以，以春季插条为好，春季于4月中旬至下旬从健壮枝条上剪取插穗，插穗长20cm左右，粗0.5～1.0cm，在流水中浸泡4～5天后进行扦插。1年生插穗的成活率很低，以2～3年生的为好，一般成活率为98%左右。

（三）造林

1. 播种造林

可在具有水浇条件或降水量较多的地区，选土壤水分条件较好的撂荒地或固定沙壤土地造林，以沙质壤土最为适宜。

（1）春季、秋季及雨季均可播种造林。一般多在4—5月，浇水后抢墒播种或播种后浇水。雨季播种宜在雨季前期，过迟幼苗越冬困难。

（2）整地和播种方法因地而异。撂荒地多采用机械全面翻地、旋地，撒种后进行耙耱，每亩播种量1.5~2.5kg；在降水量较多的地区，比较平缓的地块上，可浸泡种子1~2昼夜，用机械条播机播种；在水分条件较好而无杂草丛生的河滩、沟谷阴坡，可直接播种，然后进行浅耙；如杂草过多，宜采用穴播，或进行窄带整地后播种；在固定沙地上播种造林，需提前进行带状整地，做好蓄水保墒。

（3）播种造林，管护和抚育非常重要，要严防牲畜践踏林地，最好在播种当年松土拔草一两次。

2. 植苗造林

在造林生产中，积极倡导推广科技造林技术，提高沙棘造林科技含量，营造生态经济型沙棘林。

（1）造林地选择。沙棘造林地宜选择地势平坦、不积水的平原或缓坡地，土壤要求沙壤土、壤土或沙土，不宜在黏重的土壤上营造沙棘林。从沙棘的生长状况看，最适宜的土壤是肥沃的沙壤土。

（2）整地要求。沙棘造林地适用于全面整地，机械翻地整地深度25~30cm，整地季节最好是在造林前一年的秋季。

（3）造林最佳季节为春季，在苗木萌动前，土壤解冻达到栽植深度时即可造林。做到适时早栽，造林时期一般在4月初开始，到4月末结束。

（4）选用合格的壮苗造林，可以提高造林成活率和保存率。苗木在造林前可进行适当剪根、剪枝，以促进生根，减少缓苗期枝干水分的蒸腾，提高成活率，有条件的可将苗根浸水后造林（根据苗木状况掌握浸水时间）。苗木不宜过大，以1~2年生苗，苗高0.3~1m为好，根长保留20~30cm。适当深栽，苗木埋土的深度一般要比原土印痕迹深3~5cm，也可栽后截干。

（5）植苗造林一般可采用株行距2m×3m、1.5m×4m、2m×4m、2.5m×5m。造林苗木要达到国家或地方规定的出圃标准。实生苗不得用于营造经济林，营造经济林推行膜下滴灌膜上栽植的方法。

（6）关于苗木的水分管理，裸根苗造林要做到圃地不失水，圃地假植要浇水，苗木运输前要浇水，造林地假植要浇水，苗木栽植后要及时浇水。栽植后浇透水，以后适当浇水。

（7）沙棘为雌雄异株、风媒传粉植物，根据多年实践经验，通常采用8∶1的雌雄配比。沙棘雌雄株配置图如下：

－－－－－－－－＋－－－－－－－－＋－－－－－－－－

－－－－－－－－＋－－－－－－－－＋－－－－－－－－

注：“+”代表雄株，“–”代表雌株。

（8）造林方法。栽植时首先将栽植点地面表层干土、杂物清除，挖栽植坑，坑的深度必须超过苗根的长度（一般是30～40cm），将表土与心土分别放在坑的两侧，然后先施底肥，回填表土，一人将苗木扶直，并使根系向四周舒展，一人回填表土，同时将苗木向上轻提，踩实，防止窝根，再回填心土踩实；最后在坑面上覆一薄层松散土。最好实行膜下滴灌膜上栽植的方法。

（9）松土除草。倡导人工除草、机械除草、覆膜除草，在杂草难以管理条件下，也可进行化学除草。

人工除草、机械除草，除草深度控制在5cm内，防止伤根。每年除草次数自行掌握，以造林地内杂草不影响林木生长为宜。

覆膜除草，在条件许可的情况下，可采用地膜覆盖措施，减少水分蒸发，抑制杂草生长，提高地温，确保成活，促进沙棘苗木生长发育。

化学除草，由于栽植面积大，人工除草费用高，时效差，可采用化学除草方法。化学除草需在技术人员指导下实施，防止药害发生。在苗木未萌动前，可用“果尔+拿捕净”“果尔+精禾草克”“果尔+精稳杀得”进行药物封闭除草。

（10）施肥浇水。沙棘耐瘠薄，并具有极强的固氮能力，但在水肥充裕条件下，生长更好，抗性更强。尤其在开花结果期，苗木更需要大量养分、水分。

施肥，如有条件，应根据沙棘不同生长时期需肥特点进行施肥。提倡使用农家肥或菌肥，施肥量因苗木个体大小、土壤肥力状况而定。追施农家肥可与挖坑造林结合，也可与栽植行（树盘）管理相结合。追肥多采用环状浅沟施撒方式，施肥后覆土保肥。根据苗木生长情况，可适时喷施叶面肥，促进苗木生长。喷施叶面肥可与杀虫灭菌同时进行。

浇水，根据土壤墒情，沙棘林地在春季萌动前和秋季休眠后各浇水一次。在正常生长季节，田间最大持水量不高于60%。沙棘林地施肥可与浇水同时进行。

（11）间作。可与饲草（苜蓿草）、树苗、食用菌、药材间作。在间作过程中，距离苗木50cm内不得培育间作植物。

（12）苗木补植。补植苗木要选择与造林地内的苗木同龄，规格达到同级标准的无性系沙棘苗木。补植季节分春、夏、秋三个季节，以春季补植效果最好。按原设计株行距进行补植，不得使用实生苗补植，宜选用容器苗补植。

容器苗补植方法，总体与裸根苗造林相同，不同之处在于对营养杯的处理。造林时一人挖坑，另一人一手持营养杯，一手用锋利刀割下杯底，将苗置入坑内培土，再将营养杯由下向上，通过苗木顶端抽出。营养杯材料要带出林地。使用容器苗时要掌握好基质的含水量，根据实际情况适当调整，防止基质碎裂，影响成活。

（四）管理

1. 整形修剪

沙棘是喜光树种，随着树龄的增长，许多枝条会发生干枯、折断，有碍于摘果和抚育工作。当植株高度为2.5~3m时，摘果极为困难，往往会折断树干。随着树体老化，生长量也会明显减弱，需要定期对沙棘植株进行整形修剪。

（1）修剪时期。生长期和休眠期均可修剪。休眠期修剪也称为冬剪，可以促进新梢生长和新枝条数量的增加，将养分集中供应。生长期修剪称夏剪，可减弱营养生长，促进生殖生长，提高果实产量。

（2）修剪方法。成年树体枝条3~4年可全部更新一次，最好进行休眠期修剪。每次修剪比例以不超过树冠生长枝条的1/3为宜。沙棘树体的修剪方法主要有4种：

短截，这种方法主要疏剪顶芽，控制其自然生长。

疏剪，这种方法是剪除全部枝条或分枝，适于弱枝、重度遮阴枝及两树之间重叠枝的修剪。旺盛的枝条会很快在切口附近产生，对树体附近部分的影响较小，也不会影响顶芽与侧芽的比例。疏剪不会加快枝条生长。

回缩，是剪去老枝特别是弱侧枝和短枝，减少枝条长度。沙棘经常会产生巨大的短枝系统，但其成枝能力有限，结实量很低，需要疏剪一些软弱的短枝，回缩一些更加密集的短枝，提高果实产量。

更新剪（留桩），在枝条发生处全部剪除老枝，通常留一小桩，以备恢复枝条时用。

2. 修剪类型

（1）改良中央主干型。为了促进中央主枝生长，侧枝的活力需要被降低。造林后，树体向上生长大约60cm会产生几条垂直向上、与主干夹角很小的枝条，在第一个生长季，最上部的枝条成为中央主干枝。在第二年末，地面之上30cm高度以内的新枝条要被疏剪，有的枝条需要进行短截。为了控制树体不超过2~2.5m，中央主枝在4年后需要进行回缩。

（2）开心型（伞形）。树体具有枝条生长旺盛，结实较少特征。栽植时，无侧枝的苗木被修剪为大约60cm高，地表以上30cm以内的芽全部抹除。在树体30～60cm之间被培育为多枝干系统，形成一个瓶状树冠。第二年末，地表之上30cm以内的新发侧枝全部疏剪，去掉中央主干枝，短截、疏剪枝条，以形成符合所需高度（2m以内）的树体。逐年修剪，防止树体老化。结果带逐步向上、向外转移，树体逐渐呈伞状。

3. 修剪树体标准

沙棘经修剪整形后，标准的树体结构应达到以下要求：一是低干矮冠，干高40～50cm，冠高2m以下，有助于树冠生长快，早丰产。二是层间距（在主枝同侧两个侧枝间的距离）保持在20～50cm。三是结果枝和营养枝的比例为1∶2或1∶3。

4. 沙棘林不同时期的修剪

（1）幼树期修剪（1～3年生）：幼树定干高度60～70cm，定干时要求剪口下20～30cm范围有5个以上的饱满芽。当新梢长至20cm以上时，除选留3～4个不同方位生长的主枝外，其余新梢进行短截。冬季修剪选定3～4个主枝，剪留长度30～40cm。第二年和第三年修剪采用强枝缓放、弱枝短截的方法，侧枝多留斜平枝，不留背斜枝。疏除重叠、交叉、直立及影响主侧枝生长的枝，同时要及时疏除或在夏季抹除基生枝。

（2）初果期修剪（4～5年生）：调整主干枝生长势，继续培养主侧枝骨架。对主枝上生长势过强的侧枝，采取疏除、缓放、短截等方法控制树势。对弱主枝上的侧枝短截。在骨干枝两侧培养大、中型枝组，枝组的配置要大、中、小相间，交错排列。

（3）盛果期修剪（6～13年生）：特别要注意打掉横枝，保留顺枝，去掉旧枝，保留新枝，疏除密处枝，缺空留旺枝，清膛截底保持树冠圆满。春季剪掉干尖，夏季剪掉徒长枝，秋季剪掉基生徒长枝和萌芽，并要剪顶稳固树冠，清膛保持通风透光。

（4）衰老期树处理（14年生以上）：首先进行复壮，对立地条件好，水肥充足的地块，衰老树可以进行结果枝组和骨干枝的更新复壮，培养新的枝组，延长树体寿命和结果年限；对衰弱的主侧枝进行重回缩，以复壮其生长势。其次选择进行平茬更新。

（五）主要病虫害防治

沙棘抗性强，病虫害不严重。苗期有蛴螬、蝼蛄等地下害虫为害，林地内发现有沙枣毒蛾，木蠹蛾、介壳虫、沙棘长眼金龟甲等虫害，除了采用造混交林、平茬更新等营林措施外，可按通常采用的方法进行药物防治。

（六）经济价值

果实中含有大量维生素和脂肪，医学上有补肺、活血的功能，用于治疗月经不调、肺结核、胃溃疡等病，还可提取黄色染料。果汁可医治风湿、皮肤病和斑疹，也可做豆腐凝固剂。种子含油率18.81%，油内含有维生素A，可榨食用油。

叶和嫩枝梢可做饲料，羊尤其喜欢采食。嫩叶、嫩枝可提取黑色染料。叶、树皮、果实含单宁，可提取鞣革原料。

花为蜜源，并可提炼香精。

八、锦鸡儿

锦鸡儿是豆科锦鸡儿属落叶灌木，喜光照，比较耐阴、耐寒冷，耐干旱、耐瘠薄，对土壤要求不严，在轻度盐碱土中能正常生长。忌水涝，在长期积水中易造成苗木死亡。根系发达，萌芽力强，平茬后可萌发出很多枝条。锦鸡儿是水土保持和固沙造林的良好树种，在我国的黑龙江、河北、山西及内蒙古东北部等地均有分布。

（一）繁殖方法

1. 播种繁殖

（1）选地。选择土层深厚、土壤肥沃，地势较为平坦且排水良好、交通便利的地块。

（2）整地。选择秋天进行整地，整地前施入腐熟的农家肥作为基肥，每亩施入2000~3000kg。施基肥时，要力求均匀，然后进行机械深翻、机械旋耕整平，做成大垄，垄宽60cm。

（3）采种。锦鸡儿的种子多在8—9月成熟，选择生长健壮、无病虫害的母树，当果实变为深黄色时，及时采摘。如果采摘不及时，种子会因爆荚而脱落。将采收的种荚放置在阳光下晾晒，直到种子自然脱荚，去除杂质和不成熟及有病虫害的种子，之后装在布袋内，放置于阴凉通风处。

（4）种子处理。播种前将种子消毒后用

45℃温水浸泡2~3天，在种子变软后捞出进行催芽，待30%的种脐开裂后即可进行播种。

（5）播种。播种常采用大垄直播，在大垄上开沟，沟深2~3cm。播种后要轻轻压实，并用细喷壶浇透水，然后遮阴。出芽前要保持大垄土壤湿润，待小苗出齐后，根据天气情况及时进行水分调节，干旱天气要及时浇水，每次浇水一定要浇透。

（6）松土、除草。待苗出齐后，进入旺盛生长期，要及时进行松土、除草，操作时要避免伤及苗木。

（7）追肥。为促进苗木加速生长，在6—7月苗木生长旺盛期，要及时追施一次氮肥，8月初再追施一次磷钾肥，追肥后要浇透水。

2. 分株繁殖

锦鸡儿是一种萌发能力较强的树种，栽培3~5年的植株茎基部一般能萌发出较多的蘖芽，这些蘖芽会发生新的根。

锦鸡儿的分株栽培，宜在早春树叶萌动前进行。在分株时，先将全株挖起，然后按分株数量切开，切开后会成为数丛。分切时一般以3~5株为一丛。

（二）栽植

锦鸡儿在春秋两季均可进行栽植。栽植前应按要求挖好栽植坑，最好是在栽植坑内先回填经腐熟发酵的牛马圈肥做基肥。基肥应与栽植土充分混拌均匀，以防散发热量过大而烧根。

1. 栽植时间

栽植时间最好是选择春季，在4月下旬至5月初；秋季栽植选择苗木休眠期进行。

2. 整地

栽植地要施足腐熟的农家肥，之后深翻地、旋耕。多采取挖坑栽植，一般栽植坑直径为50cm，深50cm，挖土时应将表土与底土分开堆放。

3. 栽植

栽植深度应深浅适宜，一般来说裸根栽植深度高于原苗木土印痕迹2~3cm即可，回填土时应先回填表土，后回填底土，并要分层踩实。栽植后应立即浇透水，5天后浇二遍水，10天后浇三遍水，此后可视土壤墒情浇水。

（三）抚育管理

1. 栽植后的管理

锦鸡儿较耐粗放管理，主要是栽植后及时浇水，以后在干旱天气要及时浇水，雨季及时排除积水，防止因积水而烂根。第二年即可进入正常养护期，应注意浇好返青水和封冻水；其他时间如果不是过于干旱，一般不用特意浇水，靠自然降水即可生长。

2. 整形修剪

锦鸡儿不需要特殊修剪，整形修剪相对简单。修剪时以保持树冠通风透光为标准，可随时剪去枯死枝、病虫枝、过密枝、交叉枝、重叠枝和徒长枝等，对修剪下来的枝条要及时清理。

（四）病虫害防治

1. 虫害

虫害主要是棉双斜卷蛾。双斜卷蛾1年发生4代，翌年4月下旬以成虫危害植株，5月初幼虫发生，各代重叠。6月中旬是为害盛期，6月中下旬幼虫进入末龄，并开始化蛹，6月底至8月初成虫羽化，幼虫为害。

防治：①结合田间管理，清除虫害枝条。②利用天敌进行防治，重点保护害虫天敌。③在幼虫发生初期，及时喷洒55%杀螟松可湿性粉剂1400倍液或30%爱卡士乳油1300倍液，16%顺丰3号乳油1500倍液，50%辛硫磷乳油1000倍液等防治。

2. 病害

煤污病是锦鸡儿的常见病，以菌丝体、分生孢子和子囊壳在锦鸡儿上越冬，借助空气气流和昆虫等进行传播。发病时植株叶片呈现黑色成片小点，可进行重复侵染，叶片小黑点逐渐扩大增厚，并将整个叶片覆盖，使叶片不能进行光合作用。

防治：主要以预防为主。如有煤污病发生，应首先防止害虫侵入。另外，在田间管理过程中，要加强植株的通风和透光，并及时疏除过密枝条。

九、紫穗槐

紫穗槐是豆科落叶灌木，为多年生优良的肥料、饲料、燃料及固沙保土灌木树种。它生长快，繁殖力强，适应性广，耐水湿，耐干旱和瘠薄。根系发达，具有根瘤菌，能改良土壤；丛生枝条直伸，枝条可做编织材料；也是蜜源植物，种子可榨油。

紫穗槐是喜光树种，对土壤要求不严，但以沙壤土生长较好，能耐盐碱，在土壤含盐量

0.3%～0.5%的条件下，也能生长。根系被风沙吹出一部分时仍能成活。

紫穗槐萌芽力强，枝叶茂密，侧根发达。在一般情况下，当年高1m以上，次年就能开花结实。平茬后，当年高2m左右，每丛20～30萌生条，丛幅宽达1.5m，根系盘结在$2m^2$内地下深30cm的表土层。

紫穗槐病虫害很少，并有一定的抗烟和抗污染能力。

（一）播种育苗

1. 种子处理

紫穗槐主要用种子繁殖。播种前，种子必须进行处理，因种子荚果皮含有油脂影响发芽。春播的种子提早发芽10天左右。播前也可用70℃温水浸种1～2天（刚放入时，要搅拌10～20分钟），捞出装入细筛或箩筐内，盖上湿布或稻草，每天洒水（温水）1～2次，几天后种子膨大，种皮大部分裂开时即可播种。浸种的比不浸种的提早10～15天发芽。也可用草木灰水浸种6～7小时，以去掉种子果荚皮中的油脂。

2. 育苗地整地播种

育苗地以地势平坦、土质肥沃、土层较厚、灌水方便的中性沙壤土为好。沙性较大或黏性较强的土壤作育苗地时，应增施有机肥料，改良土壤，增加肥力。育苗地应在秋季进行机械翻耕，次春每亩施底肥1000～2000kg后再机械旋耕一次，然后作垄或作床。苗床分大田式和平床两种。大田适于机械操作或耧播。播前浇足底水，等待2～3天即可播种。播种时期根据当地气候条件决定。北方地区以土壤解冻后为宜。通辽地区以4月下旬至5月上旬为播种适宜期。播种沟深4～5cm，播幅宽6～8cm，行距60cm，覆土1～1.5cm，每亩播种量2～3kg。没有浇水条件的大田，可在雨前或雨后播种。播后5～7天即可出苗。

3. 苗期管理

苗出齐后10～15天开始疏苗，每米保苗20株左右，每亩留苗2万～3万株。苗木生长期间，一般每年浇水3～5次。浇水宜在傍晚，一次浇水量不宜过大。假如基肥充分，不必追肥。在浇水或下雨后，及时中耕除草。8月停止追肥、浇水。

4. 起苗

起苗前浇一次水。一般在10月中下旬或翌年春季起苗。起苗时避免损伤苗根，根幅均在20cm以上。起苗后进行选苗分级，每百株捆成一捆。为减少苗根失水，要尽快假植。选择不积水的地方，挖50cm深的假植沟。短途运苗也要进行包装。

（二）造林

紫穗槐造林方法很多，可因地制宜地采用植苗、插条、直播和分根等方法。造林前应进行全面整地或穴状、带状整地。

1. 植苗造林

在秋冬季地冻前或春季地解冻后进行造林，为提高成活率，可截干造林。栽植不宜过深，要踏实，有条件的地方栽后浇水一次。

2. 直播造林

在雨季前或下过透雨时直播最好。雨水多或墒情好的地区，春季播种也行。坡地多用穴播，平地可用耧播。

3. 造林密度

造林密度应视造林目的和水土条件而定。如每年采割，用于做绿肥、饲料等，可适当密些；如栽植地块水土条件差，应以加密栽植为好，一般每亩栽植300~400株；如以固沙护土为目的，可加密到每亩1000余株。为了提高造林成活率，促进萌蘖，可在根颈以上10~15cm处剪去，这样枝条发得多，长得快。

（三）抚育管理

紫穗槐对抚育管理要求不严格。

（1）以收割枝条为目的的紫穗槐林，在造林的第一年平茬后，可适当在行间进行一季林粮间作，要进行松土、除草、施肥等，促进幼树生长发育。一般造林后幼林每年除草、松土1~2次，适当选择隔年割一次枝条。

（2）以收割绿肥等为目的的紫穗槐林，在造林的第一年平茬后，可适当在行间种植粮食作物，通过浇水、松土、除草等促发幼株生长。在第二、第三年时，要在平茬的树根基部适时培土，以扩大根盘，争取多萌发枝条。土壤贫瘠的地方，第一次平茬后，暂停一二年割条和翻地。在风蚀沙荒地上的紫穗槐造林，要保留50%以上不平茬，以留作防护林带，实行隔行隔带枝条轮割。

（四）主要病虫害防治

紫穗槐苗木主要受金龟子和象鼻虫为害，但很轻，一般用类似于90%敌百虫或50%马拉松乳剂500倍液的药剂毒杀即可。紫穗槐病虫害少，可能与其茎叶内含一种特殊气味的物质和单宁等物质有关。

（五）经济价值

紫穗槐经济价值高，用途广。

（1）是肥料林的好树种。紫穗槐嫩枝叶做绿肥，不但肥效高、产量高，而且不占耕地，旱涝保收。据分析，每1000kg紫穗槐嫩枝叶约含氮素13.2kg，磷素3kg，钾素7.9kg。

（2）是营养丰富的饲料原料。饲料质量高低，取决于含蛋白质的数量。据分析，每1000kg紫穗槐风干叶约含蛋白质23.7kg，粗脂肪31kg。

（3）是改良土壤的好灌木。紫穗槐落叶量大，有根瘤菌，能固定空气中的氮素，根系代谢旺盛，残根多，能迅速改良土壤理化性质，增加土壤肥力，提高林地透水性和持水量，是改良土壤又快又好的灌木。一株2年生的紫穗槐有根瘤300～400个；4年生紫穗槐林地，每平方米10cm深土层内，有鲜根1kg多，其中每年约有1/3的残根留在土壤里。在土壤有机质缺少的沙荒地上，种过5年紫穗槐的林地，土壤有机质增长4倍以上。

（4）是混交林的好灌木。用紫穗槐作混交林的下林，可促进林分生长。

（5）是编织副业的好原料。紫穗槐枝条柔软细长，平滑匀称，性韧，是农业生产中制作筐、篮、箕、篓和工矿用笆材的好原料。3年生紫穗槐亩产枝条500kg以上，采条时间以8—9月最好。

此外，枝条又是很好的燃料，也是人造纤维或造纸的原料。种子能榨油，含油率约15%，油饼可做肥料。叶子和种子还可防治蚜虫、麦蛾及棉铃害虫。

十、塞外红苹果

塞外红苹果是落叶乔木，丰产性好，抗逆性强，适宜在我国东北、华北的大部分地区栽培。在果树的嫁接栽培模式上，乔砧栽培4年见果，6～8年进入盛果期；矮砧栽培3年见果，5～6年进入盛果期。

（一）栽培地选择及栽培规模

应选择地势平坦，土层深厚，土质疏松，排水良好，有水浇条件，土质呈中性或微碱性的壤土或沙壤土，在肥力中等以上的地块栽培塞外红苹果。目前科尔沁区适合栽培的地块比较多，但是在有的地方表层土看似很好，挖下去30cm左右就是白沙土，这种情况不利于果树的生长和结果，要想栽培果树就必须进行栽植前的整地。另外，栽植果树最好是选择交通便利、四周有防护林带的地方。

栽培规模以1000～2000株为宜，即以15～30亩的规模进行栽培。采取家庭管理的模式，既节约亩投入成本，又能实现家庭经济收入。

（二）整地标准

1. 土壤肥力较差的地块

平地打埂修建1m宽畦田，畦田内挖栽植坑，规格（长×宽×深）为80cm×80cm×80cm，在栽植坑的底部放入粉碎的秸秆及混拌的腐熟农家肥混合土，然后回填地表土到坑满，浇水沉实。

2. 土壤肥力适中的地块

挖长、宽、深均为50cm或60cm的栽植坑，在栽植坑底部回填30cm左右混拌的土肥，然后再用表层土回填至与地面持平，浇水沉实。也可以机械钻孔代替挖栽植坑。

3. 土壤肥力比较好的地块

以机械开平底浅沟（或修筑小畦田），然后沟内挖栽植坑栽植。

（三）栽植规格

（1）乔化砧木栽培模式株行距为2m×5m。

（2）矮化砧木栽培模式株行距为 2m×4m。

（四）授粉品种的配置

主栽品种与授粉品种按8∶1配置，即在栽植时栽植8株塞外红苹果，对应栽植1株授粉品种，如K9、龙丰等。

（五）栽植

1. 苗木管理

对苗木要及时假植遮阴或全株深埋处理，在栽植前取出并对苗木根系进行修剪，剪掉过长、劈裂、机械损伤、病虫危害的根系，也可以对其他根系稍剪一点。如果苗木根系在运输或假植过程中有失水状况，根系发干、湿润度不够，要立即用水浸泡12~24小时（根系不能裸露水面外）。栽植前也可以用生根粉（如吲哚丁酸、萘乙酸、ABT生根粉或丰收素等）浸泡处理。生根粉按照说明使用即可。

2. 栽植时间

在春季4月中下旬至5月上旬进行栽植，有苗木贮藏条件的可适当晚栽。建议把苗木预先装营养袋培养，雨季栽植，这样虽然增加了成本（每株增加1~2元），但是能够保证成活率。栽植后加强管理，及时浇水、除草、防治病虫害等，注意剪枝及干形的培养。

用五花土（黑土2份加1份沙土）3份与充分腐熟的农家肥1份混拌均匀配制营养土，混拌的时候喷土壤消毒药（多菌灵、福尔马林等），以减少土壤中的病虫害。配制的营养土要保证拿掉营养钵后不散坨（苗木生根后自然就把土拿住）。在装袋的时候把苗木过长的根剪掉，有的小须根不要剪掉，注意装苗时不要窝根，回填营养土，摁实摆放，及时浇水。

3. 栽植方法

挖大坑经过沉水的情况下，采用挖小坑栽植，大小以能容下苗木根系即可。如果没经过挖大坑回填等工序，那么挖长、宽、深均40cm的栽植坑，回填部分表土后再放苗栽植，这样有疏松的土壤，便于根系扎根。植苗时把苗扶正轻提，分层回填，用造林地的表层土回填到根系处，在回土的过程中适当踩实，栽植深度以苗木基部嫁接口略高于地面1~2cm即可。

营养钵苗栽植时，去掉钵体后轻轻把土坨苗放在挖好的栽植坑内，四周回填土后轻踩实即可。在没有经过挖大坑整地的情况下栽植营养钵苗时，要挖长、宽、深至少40cm的栽植坑，回填表土后踩实，再放土坨苗，回填土后轻踩四周，轻踩或不踩土坨部位。栽植深度与土坨持平或略低于土坨面1~2cm即可。栽植后在土坨上放少许干土来充填土坨松动的缝隙。

4. 浇水

栽植后立即浇透水（苗木吸收水分的速度慢，但是一旦与土壤内水分失去平衡，其根系释放水分的速度特别快），所以要当天栽植多少就浇多少，待水渗后及时扶正，结合嫁接点情况适当回填土踩实，3~5天后补水一次。注意要确保浇透水。

5. 覆盖地膜

铺设滴灌的情况下浇水效果比较好，在第二次补水后全面清理栽植沟（或栽植带），对其覆盖1m幅宽黑色地膜，用土压实。地膜覆盖可提高地温，减少除草工序，有助于苗木生长。

6. 定干

定干高度为60~80cm，然后套直径5cm，略高于定干高度的塑料袋，经常进行苗木萌芽状况观察，待萌芽展叶后撕开塑料袋。之后注意观察病虫害并及时防治。

7. 抚育管理

（1）中耕除草。每年实施中耕除草3~5次，松土深度在5~10cm。每次浇水或雨后对苗木根部的表层土及时进行松土。

（2）浇水及补植。苗木栽植后结合旱情及时浇水，入冬前浇水一次，待水渗后对地表裂缝及时撒施少许干土踩实。在春季对已经死亡的栽植苗木及时补植，用营养钵苗补植可随时进行。

（3）追肥。根据生长情况及结果需要适时追肥。

（六）修剪方法

修剪的目的是通风透光、横向拉枝。果树栽植后，在生长到一定的高度时于60~80cm处截干。在生长的过程中留一个向上生长的强壮枝条，用它作第二层横向延伸枝的主干管理，在第一层留下分布均匀的三个侧枝，作为横向延伸枝，在横向延伸枝上留下分布均匀的分枝就是结果枝。一定要控制树的高度，促使果树横向生长。下面重点介绍纺锤形整形修剪技术要点。

1. 纺锤形树形树体结构

（1）主干高80cm，树高3.5m，冠径2.6~3m。中心干直立健壮挺拔，其上均匀配置25~30个侧生分枝，分枝间距8~10cm，不分层，呈螺旋状依次向上排列，均匀分布，单轴延伸。

（2）树体大体呈现下部分枝较粗较长，枝干比在1/3左右，角度开张，基角100°，梢角110°，分枝长1.3~1.5m，株间偶有交叉，直接着生水平至下垂的长中短结果枝或小型结果枝组。中部分枝粗度、长度适中，枝干比在1/4~1/5，角度开张，基角90°左右，梢角100°分枝长度0.8~1m，株间尚有空间，直接着生结果枝，下垂结果。上部分枝较细较短，枝干比在1/5~1/7，角度开张，基角80°左右，梢角90°~100°，分枝长度在0.5~0.8m，株间有外延空间。

2. 纺锤形修剪方法

第一年修剪：定干高度在70~80cm，苗木成活后，保留顶芽，抹掉顶芽下部2~3芽，以保证顶芽健壮生长；当新梢长至15cm左右时，侧枝全部摘心或用牙签开角；8月，将中心干上萌发的长度30cm以上的新枝条全部拉枝（或拿枝）至角度90°~100°，保证中心干延长头直立健壮生长。

第二年修剪：春剪时，除中心干延长枝外，其余侧枝全部疏除(打光)，剪口呈马耳斜，并涂抹愈伤膏；萌芽前在中心延长枝基部向上25~35cm区间内刻芽5~7个，促进侧芽萌发；萌芽后，中心干保留顶端壮芽，抹除下部2~3个侧芽（或摘心），以保证顶芽健壮生长；展叶抽枝后对中心干上发出的侧枝按不同方位选留，促使中心干上主枝稀密适度、螺旋插空排列。中心干确实较弱的，春剪时可采用换头或在满芽处短截的方法处理，并抹掉其下2~3个竞争芽，但不需刻芽，确保中心干快速健壮生长。当中心干上新梢长至15cm左右时，用牙签开角至70°~90°；8月中下旬对选留的主枝全部进行拉枝，角度在100°~110°并固定。

第三年修剪：春剪时，疏除中心干上径粗大于1/3主干粗的强旺枝，其余主枝全部保留。中心干延长枝较弱时继续短截，促发新枝壮枝。对中心干上部萌芽前继续刻芽促发新枝。夏季对中心干上部萌发出的新梢按位置选留并做好开角拉枝工作，使主枝稀密适度、螺旋插空排列。对下部主干上发出的侧枝进行拿枝，促使下垂，并对梢头摘心；对主枝上发出的强旺枝和直立枝全部疏除，保持主枝单轴延伸；对长势较强的主枝可采用破顶或摘心等方法，促发短枝，控制伸长。

第四、五年修剪：春剪时，继续疏除下部强旺枝(超粗)或位置不佳的主枝，对中心干上部继续刻芽促发新枝。生长季对下部过旺主枝进行环割（按主枝纵向每25cm环割一刀），控制旺长，促其成花结果。夏季继续对中心干上部萌发新梢进行选留并做好拉枝工作。通过连续4~5年的树体培养，主枝数量已基本选够，纺锤形树体骨架基本形成。

盛果期修剪：主要任务为调整生长与结果的关系，及时控制侧生分枝的生长势，使其适量结果，以果压冠；在整个生长季节，控制和剪除主枝上萌发的直立旺梢，对中心干上萌发的新梢要注意保留，培养新的侧生分枝；所有侧生分枝修剪时不短截，在其上刻芽促进花芽分化开花结果，逐渐培养成水平至下垂的小型结果枝组。

盛果期后主要是控制树冠和改善光照条件，稳定树势。随着树龄的增长，根据树势和产量适时去除主干上过长过粗的大枝，精细调整结果枝，做到上稀下密、外稀内密，大枝稀、小枝密，实现稳产丰产。

（七）病虫害防治

苗木萌芽初期注意防治大灰象甲、金龟子等地下害虫，生长季节注意防治蚜虫、卷叶虫、螨类、浮尘子等害虫及早期落叶病、白粉病和锈病等侵染性病害。以预防为主，常规药物防治。

（1）土壤解冻后，苹果树萌芽前，为了防治腐烂病、干腐病、轮纹病、炭疽病等病害，全树喷布3%甲基硫菌灵糊剂100~130倍液，或1%碘水剂800倍液，20%丙环唑乳油1500~2000倍液。气温较高，红蜘蛛卵较多时可喷布3~5波美度石硫合剂。

（2）苹果瘤蚜越冬卵孵化期与苹果的物候期有较稳定的相关性，一般在苹果花芽萌动期越冬卵开始孵化，展叶期孵化已达盛末期。此时为最好的防治时期，可全树喷布4.5%高效氯氰菊酯乳油1000倍液+3%啶虫脒乳油1000倍液，或2.5%溴氰菊酯乳油2000倍液+10%吡虫啉可湿性粉剂1500倍液。

（3）在4月下旬至5月上旬苹果花露红而花朵未开时，为了防治卷叶虫、天幕毛虫、金龟子及花腐病、霉心病等病虫害，全树喷布4.8%甲维高氯微乳剂1000倍液+3%多抗霉素水剂500倍液+70%甲基硫菌灵可湿性粉剂1000倍液，或喷布3.2%甲维氯氰微乳剂1000倍液+3%多抗霉素水剂500倍液+50%甲基硫菌灵悬浮剂1000倍液。如有白粉病，则加入25%三唑酮乳油1000倍液，或10%苯醚甲环唑可湿性粉剂1500倍液。

（4）桃小食心虫，简称桃小，属鳞翅目果蛀蛾科。其为害状是幼虫蛀入果肉内，在果皮下蛀食果肉，随着虫增大，渐向果心蛀食，可直达果心蛀食种子。幼虫在果皮下蛀食，使果实形成畸形的“猴头”果。可根据虫情预报喷布52.25%氯氰毒死蜱乳油1500倍液+10.5%阿维哒螨灵水乳剂1000倍液+20%灭幼脲悬浮剂800倍液+70%吡虫啉5000倍液+25%苯醚溴菌腈可湿性粉剂800倍液，或3.2%甲维氯氰微乳剂1000倍液+5%氟铃脲乳油2000倍液+20%啶虫脒2000倍液+20%三唑锡悬浮剂1000倍液+3%多抗霉素水剂500倍液+70%丙森锌可湿性粉剂800倍液，或5%高效氯氟氰菊酯水乳剂1000倍液+5%阿维氟啶脲悬浮剂2000倍液+10%烯啶虫胺水剂1000倍液+24%螺螨酯悬浮剂4000倍液+80%多菌灵可湿性粉剂1000倍液+70%代森联可湿性粉剂800倍液。上述药剂根据套袋和降雨、病虫情况交替使用，10~15天一次，共喷2~3次，至7月中下旬止。

（5）苹果疫腐病又称冠腐病、颈腐病，是苹果重要病害之一。主要为害果实、根颈及叶片。夏秋季降雨过多，易造成苹果疫病的发生和传播。发现病症时及时全树喷布80%三乙膦酸铝500倍液，或25%甲霜霜脲氰700倍液，7~10天后再喷一次。病情较重时可用三乙膦酸铝400倍液或甲霜霜脲氰500倍液灌根。

（6）斑点落叶病。防治斑点落叶病，在清洁果园、及时夏剪、透风透光、增强树势、提高树体抗病能力的情况下，药剂防治重点是保护春梢和秋梢的嫩叶不受害。春梢生长期喷药1~2次，秋梢生长期喷药2次。将内吸性杀菌剂与保护性杀菌剂混合使用来延长药效，可用3%多抗霉素水剂500倍液+80%络合代森锰锌可湿性粉剂800倍液，或43%戊唑醇乳油2000倍液+80%络合代森锰锌可湿性粉剂800倍液，或10%苯醚甲环唑水分散剂2000倍液+70%丙森锌可湿性粉剂600倍液，或50%异菌脲可湿性粉剂1000倍液+70%代森锌可湿性粉剂（蓝粉）800倍液，或50%速克灵可湿性粉剂1000倍液+70%代森联可湿性粉剂800倍液。如果病害严重，上述药液中可加入捷成（有机硅）2000倍液。

（7）苹果红蜘蛛。防治苹果红蜘蛛，可在花前和落花后7~10天两个关键时期，即每叶2~3头成螨时，开始全树喷布15%哒螨灵乳油1500倍液，或10.5%阿维哒螨灵乳油1000倍液，或20%螨死净悬浮剂2000倍液，或5%噻螨酮乳油1600倍液，或11%乙螨唑乳油4000倍液。可根据虫情预报全树喷布2.5%溴氰菊酯乳油2000倍液+20%虫酰肼悬浮剂2000倍液+25%三唑锡可湿性粉剂1000倍液+43%戊唑醇悬浮剂2000倍液+70%丙森锌可湿性粉剂800倍液，或20%氰戊菊酯1000倍液+20%杀铃脲悬浮剂4000倍液+40%炔螨特乳油1000倍液+25%戊唑异菌脲悬浮剂1500倍液。或6%虫螨腈微乳剂1000倍液+10%苯醚甲环唑水分散剂2000倍液+70%代森联可湿性粉剂800倍液。上述药剂交替使用，10~15天一次，共喷1~2次。

（8）10月中下旬，在果树地喷布26%辛硫高氯氟乳油1000倍液，或20%甲维毒死蜱1000倍液，或30%毒死蜱水乳剂800倍液，或2.5%高效氯氟氰菊酯水乳剂1000倍液。共喷2次，间隔10~15天，全面喷布，包括间作物和杂草在内，不漏死角。冬季发现越冬卵块，及时压扁卵块并清除。

十一、黄太平

黄太平又称沙果、黄太平果，是苹果属中一个早熟的小苹果品种。黄太平根系强健，萌蘖性强，生长旺盛，抗逆性强。适生范围广，在土壤肥沃、排水良好的沙壤土地生长良好。对土壤肥力要求不严，在我国东北地区栽培较多。其变种很多，可用嫁接、播种、分株等方法进行繁殖。黄太平果实酸甜爽口，汁浓味香，可鲜食。

（一）栽培地选择

（1）选择交通方便，土层深厚，土壤较肥沃，有水浇条件的地块栽培，也可适应轻微盐碱地。

（2）根据栽培面积大小合理规划，要求做到林（防风林）、果（果树规模及配置）、渠（排灌系统）、路（生产用路）配套。

（二）苗木选择

（1）苗木高度在80~120cm。

（2）选择根系发达，无损伤、无病虫害的优质壮苗。苗木根系要求侧根4条以上，每条长度15cm以上，并且分布均匀，小侧根较多。

（3）苗木粗度要求地径在1cm以上。

（4）苗木其他质量要求：①苗木定干部位必须有6个以上壮芽在定干下40~80cm处，以便定干后能发出枝条，砧桩嫁接处愈合较好，保证嫁接成活。②选择表面光滑、茸毛少、不带秋梢的果树苗，才能提高越冬抗寒能力。③选择皮色新鲜的果树苗。

（三）栽植密度

（1）对于培育高大树冠，一般采用株行距3m×5m，每亩栽植株数为44株，也可采用株行距2m×7.5m或2.5m×6m。

（2）对于培育矮小树冠，一般采用株行距2m×4m，每亩栽植株数为84株；或采用株行距2m×5m，每亩栽植株数为67株；或采用株行距2m×3m，每亩栽植株数为111株；或采用株行距3m×4m，每亩栽植株数为56株。

（四）授粉树的配置

1. 授粉树配置方法

选择2~3个授粉树品种进行栽培，一般每隔3~4行主栽品种配置一行授粉树。

2. 授粉树种选择的原则

适合当地的环境条件，品种好，与主栽品种同时进入花期，结实率高，具有一定栽培经济价值。

（五）整地、栽植及修剪

1. 整地

挖直径80cm、深80cm的栽植坑，在坑底部先回填粉碎的秸秆，然后回填腐熟农家肥与土混拌的混合土，每穴50~100kg，同时加入过磷酸钙1kg，黑矾0.1kg。

2. 栽植

（1）春季栽植在每年的4月下旬至5月上旬，踩实并浇足水。

（2）秋季栽植在土壤封冻之前完成，踩实并浇足水。

（3）栽植后定干高度在60~80cm或80~100cm。

（4）栽植深度要求砧木嫁接口与地面持平。

（5）有除草剂等农药残留的地方，在药效期过后才能栽植。

3. 整形修剪

根据不同栽植密度选用不同树形，株行距3m×5m的采用“小冠疏层形”，株行距2m×4m的采用“自由纺锤形”。

（六）栽培管理技术

1. 幼龄果树

幼龄果树要合理定干，主干留60cm高。选好剪口芽，上留20cm整形带，整形带下多余的芽抹去，选留长势旺的枝条培养为主干。一般三个主枝间的角度为120°，主枝与中心枝夹角为50°~70°。角度过大主枝易弱，盛果期易下垂；角度过小易与中心枝竞争空间和养分。幼树要注意培养坚固的骨架，层次要分明，主次关系要明显。幼树以轻剪多留、缓放为主，以利于早结果。对于主枝上的枝条，不太密的轻短截，过密的重叠枝从基部疏除。

2. 初果期果树

初果期果树要注意培养骨干枝、结果枝组，控制辅养枝，扩大树冠，平衡树势；注意培养下层主枝，以限制上强下弱。一年生枝条多缓放，过长的枝条轻剪，待结果后回缩。对没有价值的徒长枝要及时除去，如有空间要促使其成为结果枝。疏除过密枝、病虫枝、重叠枝、交叉枝。

3. 盛果期果树

盛果期果树的骨干枝已确定，修剪时不要轻易变动。注意从属关系，注意调节营养生长与生殖生长的平衡，对不同枝条或枝组有不同的修剪方法。

（1）延长枝修剪。主枝是永久性骨干枝，不轻易变动，宜单头延伸，枝头角度保持在50°左右，主枝上的延长枝不足20cm不必短截。

（2）中心领导干的修剪。盛果期的黄太平果树，要控制树的纵向生长，保持一定高度，改善上层通风透光条件。树体高大，上层主枝对生或靠近排列，到一定高度时中心领导干可以落头。

（3）辅养枝的修剪。永久性辅养枝是整形时层间距不当遗留下来的，可按主枝修剪方法处理。对于临时性的辅养枝，首先要回缩，其上的侧生枝以不妨碍其他主枝生长为原则，影响多少去多少，当全部影响时，可从基部疏除。

（4）结果枝组的修剪。为了克服大小年现象，要保证每个枝组有三套枝：一是结果枝，此枝当年结果；二是营养枝，此枝当年不结果，第二年结果；三是延长枝，它能够维持枝组的活力。

对结果枝组要根据其强弱进行修剪。对花芽少的强旺枝组，要少截或中截；对主枝背上的直立枝组，有空间的要回缩，改变枝向，没有空间的要疏掉；对长枝少而中短枝多，其中花芽多而饱满的中属枝组要适当少截或中截，花芽多而质量差的衰弱枝组要多截。保持长、中短枝的合理比例，长枝25%~30%，中短枝70%~75%。花芽与叶芽的比例为1∶1或3∶2。疏除密生、对生、纤细、枯枝、重叠等枝杈以及病残和有害虫的枝条。

4. 衰老期果树

衰老期果树要利用徒长枝更新，对徒长枝要像对待小树一样修剪。连续多年的结果枝组要回缩，更新复壮。此期要加强肥水管理，加强病虫害防治，更新枝伤口处要及时涂抹愈合剂，防止产生伤流，使树体内水分大量散发，以尽快恢复树势。

冬剪一般在2—3月进行，还要进行适当的夏剪，如抹芽、除萌、环剥、拿枝、扭梢、开张角度等，使黄太平果树层次分明，主从关系明显，枝繁叶茂，早熟丰产。

（七）病虫害防治

4—5月萌芽前喷5度石硫合剂（生石灰加硫黄）一次，栽植区内全面消毒，做好测报工作，及时防治天幕毛虫、黄刺蛾、苹果巢蛾、浮尘子等，9—10月严防浮尘子在枝干上产卵。

（1）秋季成虫产卵前在幼树上涂白可有效防止害虫产卵。

（2）早春幼虫未孵化前可用木棒挤压卵痕，杀死越冬卵。

（3）初孵幼虫常喜群居取食，成虫、幼虫早晨露水未开时均不活跃，可人工网捕。

（4）成虫趋光性强，有条件的果园用灯光诱杀，可消灭大量成虫。

（5）成虫、幼虫均喜在矮小的植物上取食，栽培地内养鸡防治害虫也非常有效。

（6）在越冬卵孵化、幼龄幼虫转移到矮小植物上取食时用化学药剂毒杀防治。

十二、李子树

李子树是蔷薇科李属落叶乔木或小乔木，别名樱桃李，是常见的果树。李子树怕盐碱和涝洼，是浅根性树种，萌蘖性强。喜光，抗寒，适应性强，以温暖湿润的气候环境和排水良好的沙质壤土最为适合。

（一）栽植技术

1. 栽植前苗木准备

无论是自育苗还是外调苗木，栽植前要按质分级，保证优质苗木栽植，要求苗木根系完整，健壮，芽质饱满，无检疫对象和其他严重病虫害。

2. 定植密度和方式

由于李子的自花授粉坐果率低，因此栽植时必须考虑配置授粉树，相隔一定距离栽植花期一致的不同品种做授粉树，比例为5∶1。栽植株行距因地势情况、土壤、品种等的不同进行选择，一般株行距2m×4m、3m×4m或2m×5m、3m×5m等。

（二）栽植时期和方法

1. 栽植时期

由于北方秋栽易发生冻害和抽条现象，一般采用春季栽植，在4月10日至5月上旬栽植。

2. 栽植方法

一般挖直径80cm左右、深度80cm的栽植坑，挖坑时必须把表土、底土分别堆放在坑两边备用。苗木栽植前先回填表土，厚度20cm左右，再回填经过消毒的腐熟农家肥与土混拌的混合土，厚度30~40cm，边填边踩实，然后在栽植坑内浇水沉实。苗木栽植时最上层的栽植苗木部分全回填表土。苗木在栽植前先剪掉过长的根和受伤的根,栽植时把树苗垂直放在栽植坑中央，提住苗，将根系全部展开，然后边填土边轻提苗干，使根系与土壤没有空隙而紧密结合，填土踩实，栽植完成后及时浇足水。

（三）肥水管理

1. 施肥

（1）基肥：是能较长时间供给多种养分的基本肥料，一般以迟效农家肥为主，如堆肥、厩肥、作物秸秆、绿肥、落叶等。基肥秋施为好，对于成年李子树，基肥每株施农家肥50~100kg。

（2）追肥。

花前追肥：可在李子树萌芽前10天左右（4月上旬），每株施入0.5~1kg速效性氮肥或25kg腐熟农家肥。

花后追肥：应及时追施速效性氮钾肥，以减少生理落果，在5月下旬至6月中旬，每株施0.5kg左右。

果实膨大和花芽分化期追肥：在生理落果后至果实进入迅速膨大期前（6月下旬至8月中旬），追施速效氮、磷、钾复合肥，每株施0.5~1kg。

果实生长后期追肥：在果实开始着色至采收期间以磷、钾肥为主，速效氮肥以叶面喷施为好，浓度为0.2%~0.3%，结合喷药进行。

2. 浇水

李子树在一年中各个物候期都需要一定水分，萌芽前和幼果膨大期、新梢生长期应进行浇水，入冬前需浇一次封冻水。另外，李子树怕涝，故栽植李子树地块应修排水系统，以免遭受涝害。

（四）修剪技术

李子树树势较强，树形较大，在自然生长情况下，主枝的数目较多，整形一般采用自然开心形，树高为2~3m，主枝3~4个。苗木栽植后于50~60cm处定干，从剪口下长出的新梢中选留3~4个枝，要求生长健壮、方向适宜、夹角较大的新枝作为主枝。其余的枝条，生长强的疏去或短截，生长中等的则进行摘心，以保证选留的枝茁壮生长。

（1）第1年冬季修剪：主枝剪留60cm左右，剪口芽选留外芽，目的是使枝条张开度加大。除选留的主枝外，竞争枝一律疏剪。

（2）第2年修剪：春天在剪口下芽长出的新枝中选出角度大、方向正的健壮枝条作为主枝延长枝培养，其余枝条做适当控制。在整个生长季节，宜做到2~3次修剪即控制各个枝条，使之生长均匀，及时疏去竞争枝，生长中等的斜生枝要尽量保留或轻剪，促使提早形成花芽。到冬季时，主枝延长枝要剪留60cm左右，其余的枝条按空间大小去留，一般宜轻剪甩放。

（3）第3年修剪：按上述方法继续培养主枝延长枝，并在各主枝的外侧选留一枝作第1侧枝，各枝上的侧枝分布要均匀，避免相互交错重叠。侧枝的角度要比主枝的大，保证主侧枝的从属关系。按此方法，每个主枝上选留2~3个侧枝，第4年即可基本完成树形塑造。

在肥沃的土壤上，树势强旺的品种，主枝、副主枝均直立旺长，必须在新枝半木质化时采用拿枝的方法，用双手从基部开始逐段将枝条向外弯曲，以枝内木质部发出轻微折裂声为度，从而抑制营养生长，形成大量花芽。这批生长旺盛的1年生主枝或副主枝，经过拿枝后，次年即可坐果，同时基部萌发大量短果枝，可以保证连年丰产丰收。

（4）第3年后修剪主要遵循的原则：①剪短主枝延长枝2/5，促使树冠继续向外扩展。②早春萌芽时，及时疏抹树冠外围过密的芽，以后初夏和冬季修剪均以疏除密生枝为主。③对生长较旺的生长枝和长果枝，不加修剪，任其生长后，基部萌发弱枝，演化为花束状枝或短果枝。④树冠基部萌发的徒长枝应及时疏除。⑤连续结果3~5年后生长势衰弱的结果枝组，仅留基部隐芽，其余疏剪，促发新梢来更新这个枝组。

（五）病虫害防治

遵循预防为主，防治结合的方法。通过按时喷洒预防性的农药，可以极大地降低李子树的患病风险，还有虫害风险。一定要做好病虫害的预防，建议在开春发芽后到下果完的这段时间，针对地方易发生病虫害，每20~25天喷一次预防性药水，这样可以极大地降低病虫害的风险，减少果树及果实的病虫害率。

（1）在冬季深翻果园地，将梨食蜂幼虫埋入深处。李子树花蕾期，用20%灭杀毙4000倍液，于树冠下的土表层杀死出土的梨食蜂成虫。

（2）在谢花后，喷50%杀螟松乳剂1000倍液，防治桃象鼻虫、梨小食心虫。

（3）在5月下旬发现桑白蚧分散转移时，喷施80%敌敌畏乳剂1000倍液，兼治蚜虫。

（4）在6—7月午间捕捉红颈天牛成虫，并检查树干钩杀红颈天牛幼虫。

（5）采收供加工用的果实以八成熟为采收适期；供生食的，以九成熟为采收适期，并可分期采收。

（6）在鲜果供应期，采收果实时要避免一切机械损伤。

十三、枸杞

枸杞为茄科枸杞属落叶灌木，是中华枸杞、宁夏枸杞等的统称。喜冷凉气候，耐寒能力、抗旱能力、萌蘖能力强，根系发达，在干旱荒漠地上仍能生长。生产上为获得高产，仍需水肥供给，特别是花期、果期必须有充足的水肥供应。但长期积水的低洼地对枸杞生长不利，甚至会引起烂根或死亡。

在光照充足的条件下，有适宜的水肥，枸杞枝条生长健壮，花果多、果粒大、产量高、品质好。枸杞多生长在碱性土和沙壤土上，最适合在土层深厚、肥沃的壤土上栽培。

（一）育苗技术

1. 播种育苗

（1）播种方法。播种时将种子与10倍的细沙土拌匀，在播种地上用窄口工具按60cm行距开深2cm左右的播种沟，顺沟条播。播种后上覆少许细土，轻踩实，使种子同土壤紧密接触，接着用小水漫浇一次，过1~2天地表不湿时，再浇水。在种子发芽出土前常浇水，保持地表湿润，有利于种子发芽出土及幼苗生长。

为了使种子在播种后早出苗，在播种前可进行种子催芽，方法是用1份种子加10份细湿沙，拌匀后放在20℃左右的室内，上面盖塑料薄膜，每天翻动并喷洒一次水，保持较好的温度、湿度，在有半数种子露白（发芽）时，即进行播种。

（2）育苗地选择。选背风向阳、土质肥沃、不重茬、不积涝、排水良好的轻壤土，亩施腐熟的农家肥2000～3000kg，然后进行机械翻地一遍、机械旋地两遍。

（3）采集种子。在鲜枸杞果实里面收取种子，可直接捣碎取种子；如用干果收取种子，需将干果放在水中浸泡至果皮膨胀易烂，使种子与果肉分离，然后用适量水淘洗，淘洗后将饱满种子取出晾晒后备用。枸杞种子小，千粒重约1g。

（4）播种时间。枸杞播种育苗在春、夏季节都可以，最好在春季播种，时间一般在4月末至5月上旬。春季播种当年可育成壮苗，第2年春季可移栽。

2. 扦插育苗

（1）采集插穗。于枝条萌动前或3月下旬，选择木质化完好，粗0.4～0.6cm，生长健壮的枝条，剪成12～15cm长作扦插穗。

（2）扦插时间。一般在4月末至5月上旬，枝条萌芽前扦插。

（3）扦插方法。按10cm株距、60cm行距开沟插入，填土踏实，插条上端留1～2cm露出地面，浇小水保墒。

（二）苗期管理

1. 适时浇水

浇水要适时、适量。播种育苗出苗期间确保地表湿润，不必浇大水，若土壤太干不出苗，可浇小水促芽出苗。扦插育苗在扦插后及时浇水，待10天左右生根后浇水一次，为促进根部发育，苗木生长后期控制浇水，并及时排除积水。

2. 松土除草

除草应掌握除早、除小、除净的原则。松土结合除草同时进行，在浇水后必须松土，松土要全面，但不能伤根。合理的松土，能改善土壤透气性、提高地温、改善土壤结构。

3. 间苗和定苗

当年生播种苗高3～5cm时，应进行第1次间苗，留苗株距为3～5cm。当苗高8～10cm时进行定苗，留苗株距为10cm，每亩留苗0.9万～1.1万株。

4. 抹芽

对于扦插育苗，当插穗发芽3～5cm时将萌发的侧枝留一健壮芽。对于播种育苗，当实生苗长到20～40cm过程中，应及时抹去苗木基部和底部发生的侧芽。当苗高50～60cm时应及时摘心定主干枝，控制向高生长。

（三）栽植与管理

1. 栽培地选择

枸杞适应性很强，对土壤要求不严，在各种质地土壤上均能生长。但要实现优质高产目的，枸杞栽培最好选择土层深厚、土壤肥沃，有水浇条件，通气性良好的轻壤、沙壤和壤土地。

2. 品种选择

应当选择果色鲜艳、丰产、个大、抗裂果及耐低温、耐高温和耐贮运的品种。

3. 栽植密度与方式

栽植密度对产量影响很大，栽植后1~2年，树体小，株产量低，可采取株距60cm、行距100cm，每亩保苗1100株左右来提高单产。结合现实情况，到3年后应该进入初丰产期，苗木单株基本定型，一般株高在1.4~1.6m时，采取隔1株去1株、隔1行去1行的方式，每亩保留 277株左右。

4. 栽植时间

春季4月下旬至5月上旬栽植，起苗时要求保持完整的根系，主根完整，不伤侧根。苗木要及时栽植或假植。

5. 栽植方法

在定植点按栽植密度挖栽植坑。一般栽植坑径、深各40cm左右，栽植坑挖出的表土和心土各放一边，坑内先回填混拌的腐熟农家肥混合土及表土，然后放入苗木扶正，填入少许表土，同时稍微向上提一下苗，使根系舒展，再回填表土踏实，之后填土至苗木原土印痕迹处踏实。栽植后及时浇水，水下渗后，上面覆盖少许干细土。

6. 定植时要注意的几个技术环节

（1）栽前对苗木进行一次修剪，将根部以上的萌条和苗冠部位的徒长枝全部剪去，将受伤的根剪平，以防止栽后腐烂，造成死亡。

（2）在栽植前要把苗木浸泡12~24小时，浸泡时用清水或用一定浓度的生根粉均可。

（3）在栽植坑内施肥要求把腐熟的农家肥与土混拌均匀后施入，然后在施肥层上回填表土5~10cm，再放苗木栽植。

（4）栽植深度要求和原苗圃中生长时的土印痕迹持平，即使埋得略深一点，也不能超过5cm。

（四）田间管理

1. 中耕除草

中耕除草次数应根据气候和杂草生长情况而定，一般在5—8月每月浇水后各进行一次，中耕深度为4~6cm。在9月下旬或10月上旬全面进行机械旋地，一般深度为10~15cm。

2. 肥水管理

（1）施肥种类和时间。生产上施肥种类分为基肥和追肥。基肥以施有机肥为主，施化肥为辅，配合菌肥，一般在每年的4月或10月施入。追肥是在枸杞生长结果期间增施速效肥，以补基肥的不足。4月末至5月上旬是枸杞新枝叶生长和花蕾形成期，需追施第1次肥，以提升树体营养，保花。6月初至7月初是大量新枝生长和开花结果高峰期，也是果实膨大生长最盛期，需要有充足的氮、磷、钾肥，以保证营养供给。

（2）浇水时间。在4月下旬至6月中旬，根据土壤墒情适时补充水分。在6月下旬至8月中旬，天气炎热，又是大量花果生长发育时期，根据土壤墒情及时浇水，到10月末浇一次冬水。

（五）整形修剪

1. 第1年

第1年定干，对于粗壮苗一般定干高度在50~60cm，选4~5个在主干周围分布均匀的强壮枝作第1层主枝，这样的枝在长到10~20cm时短截或去掉顶芽，促使萌发分枝，同时在主干上部均匀选留3~4个小枝不短截作为临时果枝，其他多余枝剪去。待主枝发出新枝后在其两侧各选1~2个分枝作一级大侧枝，并于10cm处摘心或短截。

当年的扦插苗长到40cm以上时开始架杆，架杆总高2.5m，每10~15m埋1根架杆，第1道架杆拉线距离地面30cm，第2道架杆拉线距离第1道架杆拉线40cm，第3道架杆拉线距离第2道架杆拉线40cm，第4道架杆拉线距离第3道架杆拉线40cm。拉线用铁丝为好，苗与拉线用布条捆绑，地两头埋地锚把拉线拉直。

2. 第2年

第一步是从第1年选留的主枝背部发出的较直立的徒长枝中各选一个作主枝的延长枝，于10~20cm处摘心。第二步是当延长枝发出分枝后，同样在其两侧各选1~2个枝于10cm处摘心，使其再发新枝，培养成结果枝组。第三步是主干上部若发出直立的徒长枝，选一枝在高于树冠面10~20cm处摘心，培养成中心干，待其发出新枝时选留4~5个分枝作第2层主枝，若此主枝长势强，可于10~20cm处摘心，使其发出分枝组成树冠。

3. 第3年至第5年

依照第2年的方法对徒长枝进行摘心利用，逐步扩大，充实树冠，经过4~5年整形修剪，树高1.6m左右，冠径1.0m，根茎粗4~5cm时，树冠骨架基本形成。

4. 常规修剪

每年3月下旬左右开始，剪去越冬后干死的枝条，也是对秋冬季修剪进行的补充修剪。6月上旬至7月上旬修剪，是对徒长枝的清除和利用。

修剪的原则是剪横留顺，剪老留新，剪密留疏，剪弱留强，补空留枝。

（六）病虫害防治

主要病害有黑果病、流胶病、白粉病、根腐病、锈病等，主要虫害有枸杞木虱、枸杞蚜虫等。

早春和晚秋对栽培的苗木进行清理，对修剪下来的残枝、枯枝、病枝及虫枝连同周围的枯草落叶，集中烧毁处理，同时松土整地，晾晒土壤，消灭病菌和虫源，可大量减少越冬虫卵和菌源，有效降低病虫害发生率。

初春大面积萌芽期，用50%磷胺乳油1500倍液喷洒，每隔7~10天喷洒1次，连续喷洒2~3次。花期和前果期用3%苦参碱800~1000倍液喷施，或用20%杀灭菊酯1000~2000倍液喷施，以预防各类虫害。

雨季到来前，结合浇水，浇灌25%多菌灵可湿性粉剂或65%代森锌可湿性粉剂400倍液，以防治根腐病。

雨季到来前和雨季结束后，用1:（120~160）的波尔多液，或50%可湿性退菌特1000倍液，或65%可湿性代森锌500倍液喷施，以防治各类霉菌性病害。

十四、梨树

梨树是蔷薇科梨属落叶乔木或灌木，根系发达，对栽培地的气候环境要求比较严格，生长需要较高温度，休眠期则需一定的低温。当土温在0.5℃以上时，梨树根系开始活动；当气温在5℃以上时，梨树芽开始萌动。梨树果实可食用，具有很高的营养和药用价值。

梨树的耐寒力因品种不同而有差异，原产于中国东北部的秋子梨极耐寒，野生者可耐–52℃，栽培种植者可耐–30℃，白梨类可耐–23℃左右，沙梨类及西洋梨类可耐–20℃左右。梨树为喜光果树，需水量较多，秋子梨及白梨类、西洋梨类耐湿性差，沙梨类耐湿性强。在沙壤土中，土壤水分含量15%~20%较适于根系生长。

梨树对土壤的适应性强，以土层深厚，土质疏松，透水和保水性能好，地下水位低的沙质壤土最为适宜。梨树对土壤酸碱度适应性较广，pH 5~8.5均能正常生长，以pH 5.8~7最适宜。梨树耐盐碱性也较强，土壤含盐量在0.2%以下生长正常，在0.3%以上根系生长受害，生育明显不良。

梨树需要每年施肥，才能保证树体的健壮生长、成花和结果。

（一）育苗

梨树育苗主要有播种育苗和扦插育苗两种。

在梨树的栽培生产中，选择的梨树苗基本都是用嫁接法繁殖的。适于北方地区的砧木主要是杜梨和山梨。梨砧木实生苗前期生长较慢，而当年芽接时要求砧木粗度至少在0.6cm以上。在实际生产中常对梨树砧木苗采取加强肥水的管理办法，在高生长时期摘心和喷布50ppm赤霉素溶液等措施，使砧木苗加速增粗，以提高嫁接成活率。

（二）栽培技术

1. 栽培地选择

梨树对土壤的适应能力较强，并且具有耐寒、耐旱、耐涝、耐盐碱的能力，宜优先选择浇水、排水条件好的地块和土层深厚的沙壤土地栽培。

2. 栽植

苗木宜选择粗壮、根系发达的优良品种苗木。定植前，挖直径80cm，深70~80cm的大坑，在坑内施入有机肥，达到每株施有机肥30~50kg，磷肥1kg，与土混匀后回填。栽植的株行距为2m×4m，每亩栽植84株。苗木栽植深度，以苗木原土印痕迹与地面持平为准。定植的苗木需进行定干，一般定干高度60~80cm。定植苗木后，及时浇足水。

3. 施肥

对栽培地进行深翻。每年秋季对树体四周深翻松土，2~3年对行间深翻一次，结合深翻每株均匀施入腐熟有机肥50kg左右，磷肥1kg，树体四周及行间可适量覆草。

追肥时间：花前肥在萌芽后开花前进行，施速效氮肥，主要是为提高坐果率和促进枝叶生长；壮果肥在幼果迅速膨大期和花芽分化前进行，以磷肥、钾肥为主，以促进果实肥大和花芽分化，通常在5月中下旬施用；采后恢复肥以氮肥为主，可增强和恢复树势。结果树采果后施用复合肥，每株施1～1.5kg。

4. 整形修剪

苗木栽植后第2—5年留一个中心主干，第一层培养3～4个侧枝，第二层有3～4个侧枝，层间距90～100cm，树高控制在2～3m。侧枝开张角度为50°～55°，以轻剪长放为主。第6年以后，侧枝加粗，分枝增多，对中心主干进行回缩修剪，直至疏除中心主干，使树形变为开心形，改善树冠内的通风透光条件，提高品质。

对当年生长枝，在6月底前一律拉成约70°开张角，冬季修剪时，继续调整保持60°～70°的开张角。实践表明，拉枝不仅缓和了树势，促进花芽分化，从而提早结果，而且还因树体光照条件的改善使果的品质得以提高。因此，拉枝工作是初果期最重要的修剪工作。在做好以拉枝为中心的夏季修剪工作基础上，冬季修剪则以三大骨干枝的短截为重点，其余枝条一般长放不剪。随着树冠的扩大和结果增多，为控制结果部位外移可逐年加大短截力度，使每年都有充足的新枝。

5. 疏果

在正常的气候条件或经人工授粉的情况下，梨树的坐果率较高，在同一花序上常结有数个果子，为了保证果实大小一致，提高果实等级，必须进行疏果。疏果通常在花谢后10～15天开始，此时受精果实已开始迅速膨大，可与未受精果明显区分。疏果宜早不宜迟，早疏果有利于果实的膨大。建议采用三次疏果定量的原则，即第一次一花序留一果，第二次按确定留果量的110%留果，第三次修正疏果，疏除朝天果、果柄受伤果及小果。

（三）病虫害防治

梨树的病虫害非常多，在冬季容易出现腐烂病、干腐病、轮纹病、黑星病等病害，采收后容易出现大青叶蚕、梨木虱等虫害，不同时期的病虫害有所不同。梨黑星病和梨锈病是梨树的两种主要病害，不仅能毒害梨树枝干以外的所有器官，使果实被害不能正常成长，也会导致翌年的结实率降低。

加强栽培管理，增施有机肥，特别是磷、钾肥，可以增强树势，提高树体抗病力。

抓好化学防治的三个关键时期，4—5月病原菌的繁殖累积期，6月的流行时期，以及果实采收前1个月均为防治关键时期。

冬季也是梨树病虫害的高发期，要彻底清除枯枝落叶，并对被害病枝上的病斑及时刮除，然后用5度石硫合剂或腐必清2～3倍液消毒伤口，将刮掉的组织及清除的枯枝落叶集中烧毁。

十五、文冠果

文冠果是我国北方的稀有树种，俗称木瓜、龙瓜、北方油树。文冠果是我国特有的优良木本油料树种，又是珍贵的观赏植物，也是生物柴油原料树种和水土保持树种，有着极大的开发利用价值。

文冠果不耐涝，怕风，在排水不好的低洼地区、重盐碱地和未固定沙地不宜栽植。栽培比较容易，可培育苗木栽植，也可直播造林。

(一)种子的催芽处理

1. 层积催芽

土壤结冻前，选择地势较高、排水良好、背风向阳处挖深1.0m，宽1.0m，长度根据种子数量来确定的平底坑。将事先用清水浸泡1~2天(每12小时换水一次)的种子捞出，与湿沙混拌均匀(沙子最好是细河沙)，沙子的湿度以用手攥成团，松开后散成数瓣为宜，种子和湿沙体积比为1∶3。先在挖好的坑底放入20cm厚的湿沙，然后放入混沙种子，放入的混沙种子距地面20cm时停下，改用湿沙填至坑满，再培土25cm高，然后再在上面覆盖20~30cm厚的秸秆或其他遮阳物(能固定的东西)，四周做好排水，严防外水渗入。种子较多时，沿坑向每隔1m从坑底向上竖立一秫秸把(秫秸把捆的直径20cm，高度1.5m左右，其顶端要高出坑外的增高埋土)。沙藏期

间要定期检查温度、湿度及通气状况，防止其他危害。

到第二年春季，在播种前的10天左右挖开沙藏窖，取出混沙种子，选背风向阳的地方，挖深0.5m，宽1.0m，长度根据种子情况确定的催芽坑，把混沙种子放入坑内，堆成有利于采光的斜面，上面覆盖塑料薄膜，每天翻动2～3次，适量喷水保持湿度，晚间加盖棉物以利于保温。当有30%的种子裂嘴时，就可以进行播种了。

2. 水浸催芽

在春天播种前的30～40天，将选好的种子倒入60℃左右的热水中，边倒入边快速搅拌，直至水冷却，捞出种子放入清水中浸泡2～3天，12～18小时换水一次；然后捞出种子混拌2倍的湿沙，放在阴凉处，上面遮盖保湿。在计划播种前的10天左右取出混沙种子，放在温度20～25℃的室内催芽，上覆遮盖物保湿，每日翻动种子2～3次，并检查湿度，及时喷水补充水分，有20%～30%的种子裂嘴时即可播种，也可以从中选出裂嘴的种子分期播种。

（二）种子育苗

1. 整地

选择适合文冠果种子育苗的土地后，在育苗的前一年秋季要进行机械深翻土地，翻地深度在30cm左右，在第二年的春季播种前进行机械旋地二遍，旋地深度在20cm左右。同时，清除地上杂物，粉碎土块，并根据播种地的土壤情况在旋地时每亩撒施生石灰15kg或硫酸亚铁5kg进行土壤消毒，根据土壤的肥力情况每亩撒施腐熟的农家肥2500kg左右，结合机械旋地旋入地内。

2. 播种时间

春季播种在4月下旬至5月上旬进行，营养钵育苗也可同时进行。秋季播种于土壤封冻前进行，在11月上旬，提前将种子用清水浸泡2天（注意要进行消毒处理，不用催芽即可播种），在播种前旋地时要撒施相关农药旋入土内预防鼠害等，按照标准垄距开小沟点播，然后覆土3～5cm踏实浇水，接下来根据现实情况在封冻前结合土壤水分状况再浇水一次即可。

3. 播种方法

（1）垄播。在完成整地的基础上做好畦田（按照4m宽距离筑埂便形成了畦田），在播种前1周浇足底水，待能进行机械打垄时，按照标准行距60cm进行打垄（两次打垄，第一次打垄时在垄沟底适量撒施复合肥，第二次打垄时在垄台处下犁，使原垄沟成垄台，原垄台成垄沟，即合垄，每亩撒施复合肥15kg），然后用机械带动工具稍拖平垄尖（宽10cm左右），在其上机械开沟或人工开沟，开沟深度5～7cm。人工摆种，每隔5cm左右点播一粒种子，注意要种脐平放，然后覆土，注意覆土厚度在3～5cm即可（覆土过厚会影响出苗），踩实浇透水。播种量为每亩20～25kg。

（2）床播。在完成整地的基础上修建宽1~1.2m的播种床，床的长度可根据实际情况确定（主要考虑便于浇水、除草等），搂平床面。在播种前1周灌足底水，待能够进行播种时，按照行距15~20cm的距离开浅沟（沟宽10cm，沟深5cm即可），在浅沟内人工摆种，每隔7~8cm摆放一粒种子，种脐平放，然后覆土（覆土厚度3~5cm）踩实，浇透水。几天后，根据实际情况适量浇水。

4. 苗期管理

当出苗率在70%以上时，即可根据实际情况松土除草，切记第一次松土除草要浅锄，除掉杂草，达到地面“揭皮”的效果即可。以后结合出苗率和苗木的高生长实时进行松土除草，松土可适当加深。当垄播的苗木在高生长15cm以上时，也就是6月下旬左右时可进行中耕，到7月中下旬停止中耕，结合中耕可每亩施入磷、钾复合肥10~15kg，结合实际情况实时浇水、松土、除草、防治病虫害。在9月中旬以后停止浇水，防止徒长，避免影响苗木木质化。土壤结冻前灌透水一次，时间在11月的中下旬。

5. 苗木出圃

（1）出圃时间。非营养钵育苗苗木出圃春季在苗木萌芽前进行，秋季在苗木落叶，停止营养生长后进行。苗木在出圃前1周需要浇水一次，保证苗木根系的水分。

（2）起苗。机械起苗或人工起苗，要确保主根长度在25cm以上，侧根根幅在20cm以上，达到根系完整无损伤，同时随着起苗进行分级、假植。

（3）苗木分级。一级苗是株高60cm以上、地际径0.6cm以上，根系发达、完整、无伤痕，苗干通直，苗木梢端完全木质化，无病虫害的苗木；二级苗是株高40~60cm，地际径0.4~0.6cm，根系发达、无严重伤痕，苗木梢端基本木质化，无病虫害的苗木；三级苗是株高40cm以下，地际径0.4cm以下，根系欠发达、不完整或有重伤残，苗木梢端未木质化的苗木。三级苗木只能在苗圃地继续培养，不宜用于大地造林。

（4）出苗量。垄播每亩产合格苗0.8万~1.0万株，床播每亩产合格苗1.0万~1.2万株。

（三）造林技术

文冠果抗逆性强，具有耐寒、耐旱、耐贫瘠、对土壤要求不严等特性，要实现文冠果栽培的高产稳产，就必须满足它对水、肥等生长条件的需求。

1. 造林地选择

选择土层深厚、土壤肥沃、地势平坦、排水良好、浇水方便的地块，以中性或微碱性的沙壤土、沙土、黄壤土为宜。

2. 整地

栽植前进行整地，目的是疏松土壤、消除杂草、增强蓄水保墒能力、提高肥力，为幼树成活和生长发育创造良好条件。造林的前一年对造林地进行全面整地，机械深翻25~30cm，翌年春季造林前进行机械旋地，然后以规定的栽植行距线为中心线作半地上小畦田，畦田深度距地面不超过15cm，上部宽80~100cm。

3. 苗木栽植

（1）栽植时间。春季栽植，时间在4月中旬、下旬。

（2）栽植密度。文冠果属深根系喜光树种，幼树生长缓慢，又有结果早的习性，较适合密植。国家能源林基地建设要求密度最低不能少于每亩54株。选用一级苗栽植，根据经验，适宜栽植密度为株行距2m×3m，每亩栽植111株；株行距2m×4m，每亩栽植84株；株行距3m×3m，每亩栽植74株。两行一带可采用株行距2m×2m，带宽5m，每亩栽植95株；株行距2m×2m，带宽6m，每亩栽植83株；株行距2m×2m，带宽7m，每亩栽植74株。

（3）栽植方法。采用挖坑栽植，在准备好的畦田上定点挖坑，坑直径40~50cm，深50cm。挖坑时将表土和底土分开堆放，回填时尽量用表土，可就近取其他表土回填，以提高肥力。确需开沟造林时也要开浅沟，开沟深20cm左右，在沟内挖浅坑并结合回填土栽植。文冠果为喜肥树种，栽植幼苗时最好进行施肥，一般每株施尿素50g，过磷酸钙10g，腐熟的农家肥5kg左右（把表土与农家肥按5∶1的比例混拌均匀，过磷酸钙和尿素也均匀地混拌在其中）。在挖好的栽植坑内底部先回填25cm左右的表土及土肥混合土，将准备好的苗木放入坑中，用手扶正，立即回填表土，填土时要轻提苗，保证苗木根系舒展，达到不伤根、不窝根，一边填土一边踩实。栽植苗木埋土深度一般略高于根基部2cm即可。栽植后立即浇水。

（4）定植苗的管理。苗木栽植完成后立即进行浇水，待水渗后1~2天进行苗木扶正，苗木根基四周回填少量的地表干土，必要时进行踩实。以后根据情况适量浇水。

4. 抚育管理

（1）中耕除草。文冠果幼林，一般每年抚育3次，配合除草对苗木根基部位进行松土（松土深度在5cm以内）。春季在5月末至6月初进行，主要是消灭幼草，控制杂草蔓生。夏季除草主要在7月中下旬进行，除掉生长旺盛的杂草。秋季在8月末至9月初进行，除掉苗木根基部位的杂草和苗间生长旺盛的杂草。

（2）浇水。栽植当年浇水3~5次。建议在每次浇水后或雨后及时用3~4个齿的钉齿耙对苗木根基部的表土进行疏松，达到松土通风的效果。文冠果的苗根吸收水分能力强，在浇水后根基部表皮的水分比较充足，如果地表土的温度高了，就会抑制苗木内部的水分循环，那么这株苗在表层土以下根部以上的部分就烂了。

栽植后2~3年，每年根据苗木生长情况及土壤墒情适时浇水，以确保苗木成活和正常生长发育。

栽植后4~5年，每年4月至7月中旬在植株萌芽期、新梢生长期、花期、果实膨大期分别浇透水一次，果实采收前半个月停止浇水，果实采收后结合施肥浇透水一次，结冻前浇冻水一次。

（3）施肥。栽植后的前3年，每年6—7月追肥1～2次，使用氮、磷、钾等的复合肥，每株施肥0.25kg左右，撒施或坑施，与土壤混拌，然后浇透水。

栽植的苗木见果后，每年在萌芽期、开花后、果实膨大期分别追施氮、磷、钾复合肥，施肥量根据树龄确定，每株0.5～1.0kg。

每年秋季果实采收后在树木根基部外缘挖坑施基肥，每株10～20kg。

（4）整形修剪。按乔状树体进行整形，可培养成小冠疏层形、自然开心形、单主干高干形、多主干高干形等树形。栽植当年定干，高度为50～60cm。定干剪口下10～20cm按不同方位选留3～4个萌芽枝作为培养主枝，其余全部除掉。栽植当年若主干抽条，则选留根部萌蘖的2~3个健壮枝条培养，供来年定干用。

栽植后2~4年，中心干明显的，按疏层形修剪，培养2~3层主枝，控制树高在2.5m左右。中心干不明显的，按开心形整枝，在前一年定干保留的萌芽枝30～40cm处打顶摘心，培养固定主枝，在主枝顶部10～20cm选留2～3个萌芽枝培养，其余萌芽枝全部除掉。

栽植5年后，树体基本形成，主要疏除过密枝、重叠枝、交叉枝、纤弱枝和病虫枝，增加通风透光，提高产量。根据文冠果具有顶花芽开花结果的特性，修剪时尽量保留枝条顶芽。

（四）病虫害防治

1. 黄化病

加强苗期管理，及时进行中耕除草松土，铲除病株，林地实行换茬轮作，翻耕晾土。

2. 立枯病

用75%百菌清可湿性粉剂600倍液，或5%井冈霉素水剂1500倍液，或20%甲基立枯磷乳油1200倍液，进行喷雾毒杀。

3. 煤污病

（1）苗期加强管理，及时中耕除草。

（2）选用多菌灵800倍液，连续喷施2～3次，间隔时间为7～10天；早春喷洒50%乐果乳油2000倍液。

4. 木虱

（1）清除林地落叶杂草，消灭越冬成虫。早春或初发期喷施5%波美度石硫合剂，2.5%溴氢酯乳油2500倍液或25%功夫乳油2000倍液防治。

（2）用3%叮虫脒乳油2000倍液，1.8%阿维菌素乳油3000倍液等喷施叶面（正反面）及树体。

5. 黑绒金龟子

（1）杀虫灯诱杀。

（2）人工捕捉：利用成虫的假死性，在傍晚7—8时活动最盛期，震击树体，进行人工捕捉。

（3）药物防治：用50%辛硫磷乳油3.75kg/hm^2，制成土颗粒剂或毒水，毒杀幼虫；早春越冬成虫出土前，在树冠下撒毒土（40%二嗪农乳油9kg/hm^2）毒杀，成虫期可用50%杀螟松乳油1000倍液喷叶；成虫大量出现时树上喷洒2.5%溴氰菊酯2000倍液，喷药时间以早上6—8时，晚上7时以后为宜。

6. 根结线虫

冬季松土晒根，深挖病株树下基部根系附近土壤，剪除受根结线虫病为害的根系，并将病根及时清除出树地，集中烧毁。在树下基部内每隔20~30cm挖一小坑，将10%二溴氯丙烷颗粒剂（每株200g），或3%氯唑磷颗粒剂（每株200g），或10%硫线磷颗粒剂（每株200g）注入或放在15~20cm的深处，施药后及时覆土并浇水。

十六、葡萄

葡萄的生长不仅需要适合的温度，对土壤水分要求也较高，在土壤肥沃、光照条件充分的环境下可达到优质丰产的效果。适合栽培葡萄的土壤有很多，但大都需要进行土壤改良来满足葡萄生长所需的条件。

（一）葡萄园建设要求

1. 交通条件

应选在交通便利的地方建园，以便于管理和运输，更为以后的销售创造有利条件。

2. 土壤条件

应优先选择地势平坦，通透性好，有

机质含量高，有良好的水浇条件，无地下病虫害的沙壤土或沙质壤土地块。

3. 规划设计

要进行挖沟整地，挖沟宽0.8m，深1m，沟长视土地状况和采摘运输方便状况确定，一般不超过100m。垄向以南北走向为好，有利于通风透光，受光均匀。亩栽植株数不应少于330株。

（二）栽培技术要点

1. 选地

选择地势平坦，通透性好，有水浇条件，无硝、无碱，pH在8以上的沙土、风沙土、白土、白五花土、黑沙土（漫沼及半固定、固定沙地）等地块栽植。

2. 苗木

选择生长旺盛、根系完整、无机械损伤、无病虫害的一年生嫁接苗。

3. 垄向

以南北垄向为好，有利于通风透光，受光均匀。

4. 整地

挖深80～100cm，宽100cm的沟，沟长视土地状况确定，沟底铺30～40cm灰土粪或粉碎的玉米秸秆，之后回填表层土25～30cm，浇水沉实。如下图所示：

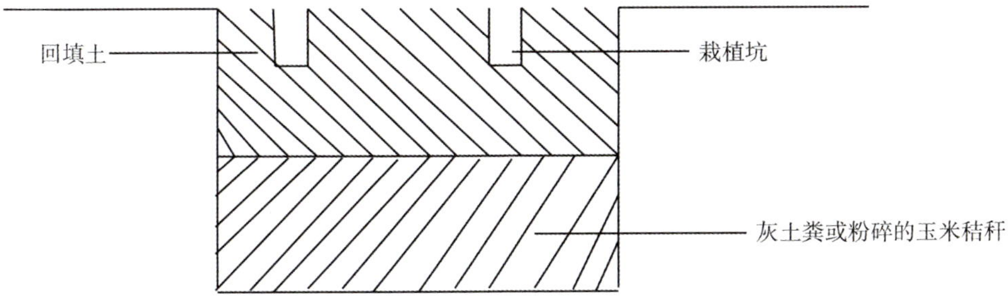

5. 沟距

要求沟距为4.5～7m。

6. 株行距

一沟双行（俗称双沟）或单行，株距0.5～1m，亩栽植330～500株（一沟双行）或150～330株（单行）。目前葡萄栽培区主推一沟双行。

7. 栽植

在沟内挖20cm深，大小视苗木根系情况而定的栽植坑，按规定的株行距栽植，栽植深度以苗木嫁接点为准。

8. 浇水

栽后要及时浇透水。栽植后必须浇一遍水，之后在下架前、上架后、花前和花后必保四遍水。另外，可根据葡萄生长状况，见旱即浇水。

9. 施肥

每年春季葡萄上架后亩追施尿素10kg左右（根据葡萄生长年限，幼龄时少施，结果龄时多施），也可在葡萄根系能达到的地方埋施农家肥或磷酸二铵。

10. 管理

主要是控制营养枝及控制果穗长度，使果穗控制在适当长度，以达到其紧密度，提高品质。

11. 间作

可以间作红干椒、大葱等作物。一般可间作3~4年。

12. 预留主枝（蔓）

早期丰产密植的（立架式和小棚架式）留一个主枝（蔓），稀植的（小棚架式或大棚架式）留两个主枝（蔓）。

13. 防寒

秋季10月下旬葡萄下架后将枝蔓顺葡萄沟平放在沟内，上面进行保温覆盖（上铺秸秆、草帘等），然后覆土10cm左右，以不透风为准，翌年4月中下旬确定没有冻害后逐渐撤掉覆盖物，使葡萄上架。如下图所示：

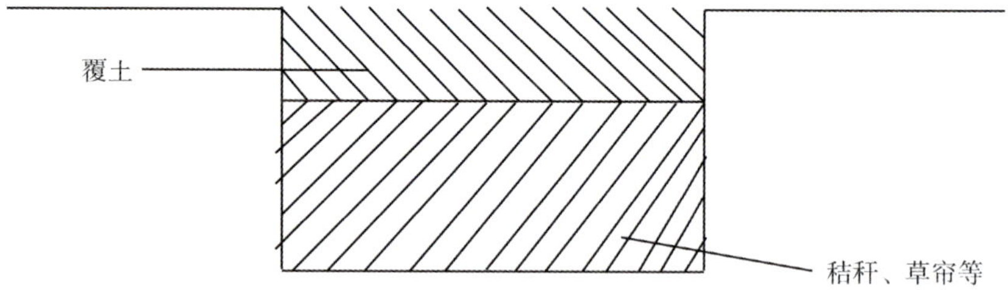

（三）栽培模式

1. 立架式

适宜密植，栽植株数为每亩333~500株，栽植后第二年即可挂果，第四年进入丰产期，丰产期10~12年。如下图所示：

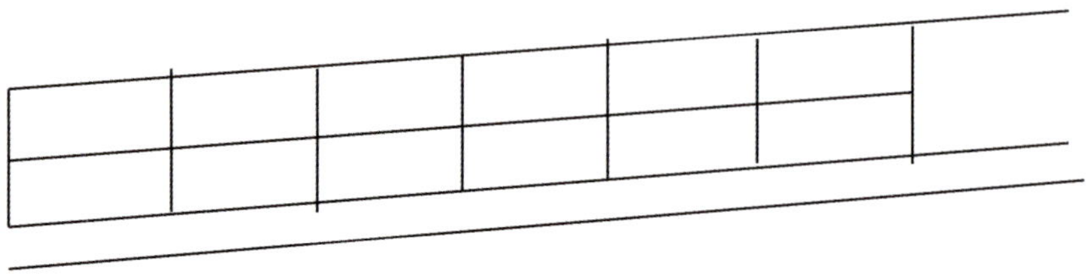

2. 小棚架式

栽植密度中等，栽植株数为每亩330株左右，一般栽植3年挂果，第五年进入丰产期，丰产期12年以上。如下图所示：

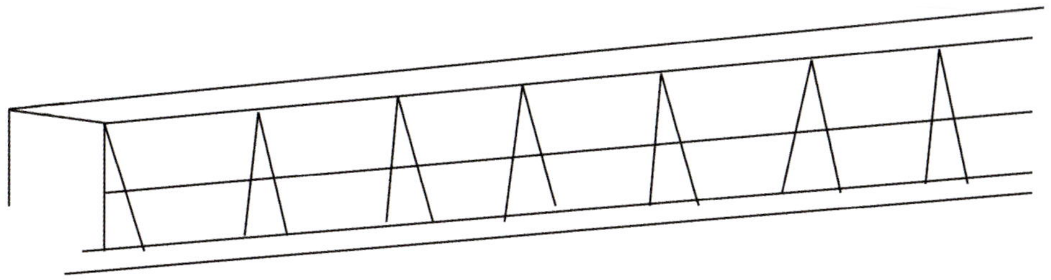

3. 大棚架式

适宜稀植，栽植株为每亩150~330株，一般栽植3年挂果，第五年进入丰产期，丰产期15年左右。如下图所示：

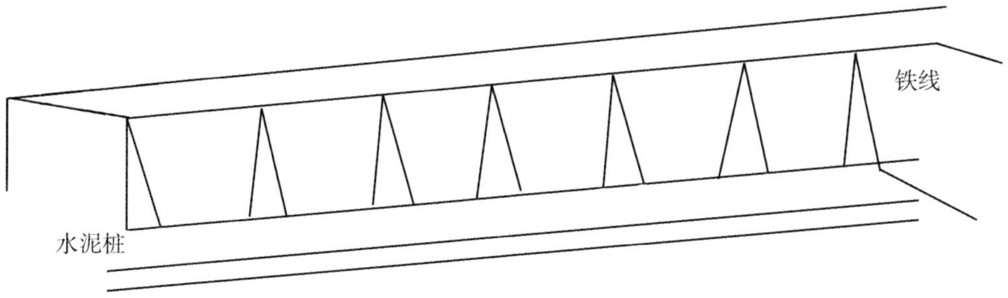

（四）葡萄修剪

1. 修剪技术

改变旧观念，采用新的修剪技术，解决光照和架面郁闭问题。合理控养、节养、用养、补养、耗养，达到营养均衡状态。

（1）春季修剪：抹去多头芽、瘦弱芽、萌蘖芽。

（2）夏季修剪：抹芽，抹除过多的芽，以节约树体营养。疏梢，疏掉多余的发育梢及花序小的过密结果梢，保留健壮的结果梢和营养梢。摘心，摘掉新梢的嫩尖，将营养物质集中供给花序，提高坐果率和产量。副梢处理，随着新梢的生长，叶腋间的夏芽随时萌发成副梢，对这些副梢要分别处理。疏花序，根据新梢的强弱及植株负载量的大小，疏掉其中弱小的花序。花穗整形，可以极大地减少疏果的工作量，使得果品穗标准化。除卷须，葡萄卷须在植株生长过程中生长快，消耗营养多，栽培中卷须无作用，应结合夏季修剪除去卷须。新梢引缚，新梢长40cm左右时及时绑缚固定，防止风折或摩擦果面。

（3）秋冬季修剪：任务是二次副梢摘心，疏除密闭的枝、细弱枝，以及木质化程度低的枝条，调节枝量，改善光照条件，使架面通透性强。葡萄秋冬季修剪的修剪量最大，去掉的枝条最多。秋冬季修剪是决定来年产量的有效方法。

2. 修剪标准

根据品种特性、树体强弱、树龄大小以及架型、产量等来决定修剪方法，主要有疏除修剪、短梢修剪、中梢修剪、长梢修剪、超长梢修剪、双枝更新、单枝更新、大更新和小更新等。

（1）疏除修剪：就是对细弱枝和无用的枝条进行疏除。

（2）短梢修剪：就是2~3芽修剪，是针对新栽植的幼树进行平茬修剪。

（3）中梢修剪：就是3~5芽修剪，是对缺株部位而言，为了占满空间，增加枝叶量。

（4）长梢修剪和超长梢修剪：就是6~12芽修剪，一般用于延长主蔓，如小棚架栽培的主蔓需要延长上棚时。

（5）双枝更新：就是在上年修剪的基础上，将两个枝条上面各保留1~2芽进行修剪。双枝更新需要在主蔓有空间的情况下进行，否则架面密闭，无效叶片增多，会造成营养消耗。

（6）单枝更新：就是将原来的双枝剪掉一个，保留一个枝条，将保留的枝条再进行短截。

（7）大更新和小更新：大更新是将老蔓从基部剪掉，保留一个萌蘖枝，培养成结果母蔓。小更新是用健壮的枝条换掉较弱的枝条，使树体永远年轻，延长结果年限。

3. 修剪步骤

葡萄修剪步骤可以概括为一看、二疏、三截、四延、五留。

（1）一看，看品种特性、树体强弱、枝蔓之间的关系。

（2）二疏，疏掉萌蘖枝、细弱枝、病虫枝、无用枝。

（3）三截，根据修剪量的标准，确定适当枝量，对一年生枝条进行短截。

（4）四延，对葡萄主蔓进行延长修剪，最长不能超过棚架的第二道钢丝。

（5）五留，就是留芽量。传统的修剪方法，每平方米的留枝量在8~12个，最精确的留芽量是6~8个，就是少留枝芽，使养分集中供应到保留下来的枝芽上。

4. 修剪时间

一般在落叶后一个月进行修剪，此时养分已经回流到位。但是，需要看清品种是否抗性强，能不能安全越冬，如巨峰葡萄、红提葡萄、白鸡心葡萄等，都需要埋土防寒，修剪时间就要提前或者带叶修剪，修剪后埋土防止冬害。

5. 修剪注意事项

（1）剪口要平、光滑、不留毛茬，剪口高度距芽眼1~2cm，以免风干冬芽。

(2)保护伤口,用伤口保护剂或者白乳胶涂抹伤口。

(3)疏大枝留短桩,以免受冻害,第二年去掉短桩。

(4)避免对口伤,以防伤害树体及春季伤流,造成树体衰弱。

(五)病虫害防治

1. 霜霉病

发病期在6月下旬至9月末。可用瑞毒霉800倍液,或杀毒矾500~600倍液,乙磷铝400~600倍液进行叶面喷施,预防期10~15天一次,发病期7天一次。

2. 灰霉病

发病期在春、秋两季,开花期发病较重,秋季发病较轻。可用50%多霉灵(万霉灵)可湿性粉剂800~1000倍液,或甲基托布津800倍液,多菌灵500倍液进行叶面喷施,7~10天一次,连喷3次。

3. 黑痘病

发病条件是高温多湿,发病适温24~26℃。可用50%多菌灵可湿性粉剂600倍液,或75%百菌清可湿性粉剂600~800倍液,70%代森锰锌可湿性粉剂500~600倍液等进行叶面喷施,7~10天一次,根据病害程度定次数。

4. 白腐病

发病期是高温多湿季节,一般在7月中旬至8月下旬大雨出现时期。可用75%百菌清可湿性粉剂500~600倍液,或50%甲基托布津可湿性粉剂500倍液进行叶面喷施。

5. 炭疽病

发病期在5月下旬至8月中旬,可在初花期用80%炭疽福美可湿性粉剂700~800倍液,或50%多菌灵可湿性粉剂600~700倍液,75%百菌清可湿性粉剂500~600倍液进行叶面喷施,7~10天一次,根据病害程度定次数。

6. 褐斑病

高温高湿条件下发病。可用70%代森锰锌可湿性粉剂500~600倍液,或75%百菌清可湿性粉剂500~600倍液,70%甲基托布津600~800倍液进行叶面喷施,7~10天一次,连喷3次。

7. 根癌病

主要为害根颈处和主根、侧根及二年生近地面主蔓。减少伤口就能减少发病,发现个别病株,将病组织刮掉,涂石硫合剂即可,重病者挖出烧毁。

8. 其他病虫害

其他病虫害有葡萄天蛾、金龟子、毛毡病等,这些病虫害都局部发生。天蛾和金龟子小面积发生时人工捕捉即可,毛毡病可以在防寒前或出土后枝蔓萌芽前喷石硫合剂防治。

十七、山楂

山楂是蔷薇科山楂属落叶乔木，在我国栽培范围较广，形成了一定的规模。山楂对环境的适应能力较强，喜凉爽湿润的环境，耐寒、耐高温，也耐旱。另外，山楂具有成形快、发枝多、生长旺、结果早等特点。

山楂是我国特有的药果兼用树种，品种多。山楂对土壤要求不严，在山地、平原、丘陵、沙荒地均可栽培，在肥沃的沙壤土上生长状况良好，黏重土则生长较差。

（一）苗木培育

用种子、分株、嫁接的方法繁殖。

1. 种子繁殖

成熟的种子须经沙藏处理，挖深50~100cm的沟，将种子与3~5倍湿沙混匀后放入沟内，至离沟沿10cm为止，覆沙至地面，结冻前再盖土30~50cm，第二年6—7月将种子翻倒，秋季取出播种，也可第3年春播。条播行距20cm，开沟深4cm，宽3~5cm，每米播种200~300粒，播后覆薄土，上面再覆约lcm厚的沙，以防止土壤板结及水分蒸发。每亩播种量15~30kg。

2. 分株繁殖

挖出根蘖，栽于苗圃，然后进行嫁接。

3. 嫁接繁殖

春、夏、秋三季均可进行，用种子繁殖的实生苗或分株苗均可作砧木，采用芽接或枝接，以芽接为主。播种苗高10cm时进行间苗，移栽株行距为15cm×60cm。

（二）苗木栽植

1. 选地及整地

选择土质疏松且肥沃的土壤更有利于生长。选好地后要进行整地，对选好的栽植地在前一年的秋季进行机械深翻、晾晒，同时可把消毒后的适量农家肥均匀施入地内翻入土中。翌年春季进行机械旋地两遍，按规划的行距修筑小畦田或机械开平底浅沟。

2. 栽植密度

矮化栽培株行距2m×4m，高乔木栽培株行距3m×5m。

3. 栽植方法

山楂在春、秋季栽植均可，一般在秋末冬初栽植成活率较高。在栽植点挖栽植坑，坑的直径40~50cm、深40~50cm，栽植时将栽植坑内挖出的部分表土与经过消毒的腐熟农家肥混拌成混合土，将另一部分表土填入坑内，边填边踩实。填至坑深近1/3时，再把混合土填入至坑深1/2，然后将山楂苗放在中央，提住苗使其根系舒展，继续填入表土，同时将苗木轻轻上提，使根系与土壤密切接触并踩实。苗木栽植深度以根颈部分原土印痕迹比地面高2cm左右为准，避免栽后浇水时苗木下沉造成栽植过深现象。栽好后及时浇水，待水渗后封土保墒。春季多风地区，可在根颈部培土30cm高，以免苗木被风吹摇晃使根系透风。

（三）栽植后的管理

1. 疏松土壤

对行间进行翻耕、旋地，对栽植行内的苗木根基部疏松土壤，以保蓄水分，消灭杂草，提高土壤通透性能，改善土壤肥力状况，促使根系生长。

2. 浇水

一般一年浇4~6次水。春季在追肥后浇1次水，以促进肥料的吸收利用。花后结合追肥浇水，以提高坐果率。以后结合旱情适时浇水，以浇透水为准，以促进花芽分化及果实的快速生长。冬季在10月下旬及时浇封冻水，以利树体安全越冬。

3. 施肥和追肥

施肥时基肥掌握秋季早施，追肥可在发芽展叶、开花着果及果实膨大等几个时期中，根据具体情况施用。春季花期追肥和叶面喷硼（用0.5%硼酸溶液）能显著提高着果率和促进新梢生长。大年树则应加强后期（7—8月）追肥，促进花芽分化。遇有旱情引起落果时，应进行浇水或松土覆草，减轻旱情。

4. 施肥方法

（1）条施，即在行间栽植行两侧开沟施肥。

（2）行间撒施，即当山楂根系已密布到行间时，将肥料撒在行间两侧地表，然后翻入土中20cm深。

（3）穴施，即施液体肥料（例如人粪尿）时，在树冠下按不同方位，均匀挖6~12个

30~40cm深的穴倒入肥料后埋土。

5. 提高坐果率

生产中山楂会发生严重的落花落果现象，影响产量。原因包括树体衰弱，授粉受精不良，土壤干旱，光照不足等。对因授粉受精不良引起的落果或花而不实，可在初花期到盛花期喷洒50ppm的赤霉素溶液，重点喷洒花簇，能提高坐果率1~2倍以上，并使果实提前着色成熟。

（四）整形修剪

自然生长的山楂树，全树大枝多而冠内小枝密，影响产量和品质。整形时可采用疏散分层形、多主枝自然圆头形或自然开心形的树形进行修剪。

1. 疏散分层形

疏散分层形的树体结构与苹果相同，但山楂树干性较弱，容易发生偏干偏冠现象，整形中可利用剪口芽的剪留方向或更换中心干的延伸枝加以控制调整。当中心干严重倾斜不易培养时，也可顺应其长势除去中心干，改成自然开心形树形。全树保留3~4个主枝，基角45°~50°，再在各主枝上适当培养副主枝。

2. 多主枝自然圆头形

多主枝自然圆头形整形，可根据枝条的自然长势，使主枝间保持30cm左右的间隔适当疏散排列，并向四周伸展，全树共培育7个主枝。盛果期的山楂树，主要是对连续结果数年的结果母枝轮流回缩复壮，防止结果部位外移，稳定产量，并维持良好的长势。当因结果过多发生大小年现象时，对大年树应疏除过多的结果母枝，使母枝与发育枝的比例保持在2∶1或1∶1。也可在现蕾期进行花前复剪，疏去部分弱枝上的花序，促进花芽分化。树冠郁闭严重时，首先剪留或回缩部分大枝，同时疏剪部分发育枝。

（五）病虫害防治

1. 白绢病

此病病菌寄生于山楂树体的根颈部分，受害部分产生褐色斑点并逐渐扩大，其上着生一层白色菌丝，很快缠绕根颈，当四周皮层腐烂后，全株枯死。防治方法：注意肥水管理，增强树势，并防止日灼与冻害。

2. 白粉病

对幼树危害较重，苗木被害后新梢和叶片出现粉红色病斑，上面覆盖一层白粉，叶片狭长卷缩，严重时扭曲纵卷，最后苗木枯死。防治方法：苗长出4~5片真叶后，立即喷洒0.5波美度石硫合剂。以后每隔半月喷一次，7月以后可根据情况停喷。对成年树，发芽前喷洒5波美度石硫合剂，在花前期及6月各喷一次50%可湿性多菌灵100倍液。

3. 桃小食心虫

在山楂树上一年发生两代，主要危害果实。防治方法：在越冬幼虫出土前，于树下用75%辛硫磷乳剂拌成毒土诱杀。

4. 山楂粉蝶

一年发生一代，以二至三龄幼虫在卷叶中的虫巢中越冬。当山楂芽初展开时，幼虫转移至芽上拉丝张网，啃食嫩叶。防治方法：将越冬、越夏群居的幼虫巢剪下，集中烧毁。幼虫为害时，向虫网喷洒50%敌敌畏乳剂1000倍液，或505杀螟松乳剂1000倍液，或50%辛硫磷乳剂1000倍液防治。

十八、榛子

榛子适应性强，抗寒性强，比较喜湿润气候，在科尔沁区的采伐迹地、低产林改造林地、丘陵地均可栽植。栽植后3~4年开始结果，6~7年后进入盛果期，可见到明显的经济效益，具有很好的栽培前景。

（一）种植条件

1. 温度

不同种类的榛子，对温度要求不一。欧榛喜温暖湿润的气候，适宜年均气温13~15℃，最低气温-10℃，极端高温38℃的地区栽培。平欧杂交种较欧榛抗寒，适宜年均气温7.5~13℃，最低气温-30℃的地区栽培。

2. 光照

榛子为喜光植物，一般要求年日照时数在2000小时以上，否则花芽形成少，产量低。

3. 土壤

榛子对土壤要求不高，但由于其根系发达，呼吸强度高，以土层厚（在40cm左右）而肥沃、浇水和排水良好的沙壤土和黑壤土等土质疏松的中性或微酸性土壤（pH 5.5~8.0）为最佳。栽植地四周防护林要齐全。

（二）主栽品种

我国野生榛子（平榛）由于坚果小、产量低、质量劣、观感差，无法满足消费者追求高品质产品的需要。通过引进欧洲优良榛子品种与野生平榛杂交，先后选育出近百个具有果体较大、外形美观、色泽诱人、果实壳薄、果仁饱满、口感上佳，抗病虫和抗逆能力强，适应性广、产量高、结果周期长、不用平茬等优势的“平欧”榛子品种。在科尔沁区确定辽榛8号、辽榛7号、辽榛9号、辽榛3号、达维等品种为主栽品种。平欧榛子属于雌雄同株，异花授粉，生产中往往由于雌雄花期不同而影响结实，为此，同一地块最好栽植3个以上花期不同的品种，利用错期开花加强授粉受精。

（三）繁殖技术

1. 播种繁殖

在野生榛子林中，选择丰产、果大、无病虫害的株丛作采种母树，从中挑选粒大、种仁饱满、无病虫害的榛子进行播种种植。榛子树种子发芽力保持1年。播种时间以春季为宜，一般在4月中下旬进行。垄作的行距60cm，株距6~8cm。播种时，先在已压平的垄面上开沟，沟深5~6cm，然后将经过发芽处理的种子按上述株行距撒入沟底，覆土3~5cm，稍压即可，适时浇水。

2. 分株繁殖

分株繁殖有两种方法：一是把母株全部挖起，分成若干小丛或单株，每一单株均有根系和1~2个枝条；二是在母株丛周围挖取根蘖，分出若干植株，母株仍保留。分株苗应保留根段20cm，并有一定数量须根。分株苗离开母体后，应剪短枝条，留15~20cm长即可，并立即假植，保持湿润，防止失水。

3. 根蘖繁殖

根蘖繁殖有两种方法：一是挖掘现有株丛周围根蘖，取得苗木；二是在专门的母本园进行繁殖。预备繁殖的母株应在春季平茬，以促进株丛发生根蘖。生长期内保证充足肥、水供应，并适当疏剪，使根蘖不要过密，既保证根蘖发育生长良好，又便于秋季挖苗。

4. 压条繁殖

（1）水平压条：在秋季或春季均可进行，但以春季进行最为适宜。把生长旺盛的一年生枝条水平拉开，铺在地面上，固定住，不压土。细致地保护叶芽，使之萌发。这样，在水平面上几乎所有的芽都能长成新梢。当新梢长至10~15cm时，在一年生枝上的每一节（即每个新梢的基部）上用软铁丝横缠2~3圈，促进新根形成。然后把新梢用土培上高度的2/3，以后根据新梢生长高度再培土1~2次。秋季落叶后，把每一节切割开，即形成一个有垂直新梢、基部有根系的苗木。

（2）弓形压条：分为硬枝压条和嫩枝压条。硬枝压条在早春进行，沿株丛周围挖15~20cm深的沟，把经过混拌土的腐熟农家肥撒入沟内，保持沟深10~15cm。沟与株丛基部的距离，以枝条弯下时其中下部能碰到沟底为宜。选择发育良好的一年生枝，弯向沟底，固定住，再用土压住，并把沟填平、培实。这样露在地面上的枝芽萌发生长，压在土中部分生根。为促使枝条发根良好，也可把压在沟底的枝条部分环剥，宽度1~2mm，去掉韧皮，或横向刻伤几刀也可。嫩枝压条在6月上、中旬，当年生基生枝长到60~80cm时便可进行，方法同硬枝压条。

（四）栽植技术

1. 苗木选择与处理

选择生长健壮、根系发达且木质化程度高、芽苞明显而饱满、高度80cm以上的苗木，以保证移栽后榛子树成活率高、产果期长、产量高、果品优。栽植前保护芽苞完整，确保基部20~50cm茎杆的芽苞不受损伤；还要保证栽植时苗木未萌芽或土壤还未解冻状态下直接栽到地里。定植前剪掉根系长度的1/3（但要保留根系12cm左右），使根系见新茬，有利于新根生长。

2. 栽植时间

榛子栽植时以无霜冻为宜，当土壤解冻30~40cm左右，适合植树时节就是栽植榛子的最佳时期，时间在4月下旬左右。此时期苗木处于休眠状态，榛子苗会先长根后萌芽，避免根茎中水分和养分无谓消耗，提高栽植成活率，长势也好。榛子树栽植最晚在榛子苗萌芽前结束，否则会严重降低成活率。栽植前要对栽植点进行浇水，待水完全渗下后再栽植。栽植后立即浇水，保持土壤湿度以手攥土成团，松手不散落（相对含水量60%~80%）为宜。

3. 栽植密度

栽植密度依据地形、水浇条件、土质状况而定，确保达到通风透光良好。实际栽植中，可根据条件采取2m×2m、2m×3m、3m×3m、3m×4m、4m×4m等株行距。

4. 栽植方式

（1）品种配置。根据榛子异花授粉、雌雄开花错期状况，同一地块需要配置开花时间不同的品种3~4个（根据品种情况确定栽植株数），进行花期吻合，保证授粉受精。根据各品种比例，每个品种可依次栽植，可隔行栽植，还可隔2行或3行等不同间隔栽植，但品种间不能超过18m的有效授粉距离。如果掌握了雌雄异熟规律，可采取人工授粉方式栽植同一品种，缩小品种间产量的差异。

（2）挖栽植坑。榛子主根长度40cm左右，侧根发达，栽植树坑以宽为主，深度40~50cm，直径60~80cm。沙壤土地栽植的树坑越深越大越好，通过回填混拌的腐熟农家肥混合土能够创造适宜榛子树生长的土壤条件，挖坑时把表层熟土和深层生土分开，把混拌的混合土填入坑底，表层熟土用作栽植时的回填土。

（3）苗木栽植。在没有回填农家肥混合土的情况下，栽植前栽植坑穴底部回填适量腐熟农家肥和少量复合肥，再填入10cm隔肥表层土。栽植时将树苗放在坑穴中间，使根系舒展开，边填表土边轻提树苗，使根系与土壤紧密接触，同时边覆土边踩实。踩实后的土不能超出树苗原土印痕迹3cm，确保不能深栽。栽植后立即对栽植点进行清理，完善滴灌带或修筑水堰等浇水设施。

（4）剪枝定干。榛子栽苗后立即剪枝定干，定干高度40~60cm，确保留饱满有效芽4~5个。定干后用愈合剂等涂抹剪口，防止水分流失。

（5）覆盖地膜。土壤湿度较差地块，栽植后浇透水。当水渗下，进行封堰，覆土厚度3~4cm；然后覆盖适量地膜，地膜四周用土压实，以保持水分、提高地温、抑制杂草。

5. 肥水促控技术

榛子树虽是耐旱、耐瘠薄能力较强的多年生植物，但要实现高产优质，同样需要科学的肥水促控技术。

（1）施肥种类和用量。在检测土壤基础上，根据土壤类型及肥力、榛子树树龄、环境气候、施肥方式等因素确定施肥种类和用量。

（2）施肥时期。基肥（农家肥）在栽植时就开始填入坑底，以后每年秋季土壤冻结前（结果榛子树在果实采集后）施用，同时加入适量复合肥。如果秋季未能及时施用，要于次年早春萌芽前施用。追肥（复合肥）每年2次。第1次在5月末至6月上旬，主要促进果实子房膨大和新梢生长；第2次在7月上旬至中旬，主要促进果实发育、花芽分化和枝条充实。每次施用量均按预计总施肥量的1/2施用。

（3）施肥方法。

环状沟施肥：于树冠外围枝投影处，在不伤根前提下，挖深浅、宽窄与树龄对应的环状沟，将施入的农家肥与土拌匀，施入后回填浇水即可。

辐射状沟施肥：以树干为中心，挖里浅外深、里窄外宽的放射状沟，将肥料与土混拌均匀，回填沟内。此法肥料分布均匀，施基肥和追肥均可。

条沟施肥：在树冠投影外缘相对两侧，挖长度与树龄树冠对应的平行沟（下年施肥沟换到另外两侧）施肥。此法用于幼树及密植园，适于施基肥。随树龄增加，宽行密植榛子树园可以进行行间机械开沟施肥。

穴施肥：在树冠外缘挖6~8个（多少根据树冠大小而定）分布均匀的坑穴进行施肥，坑穴深、宽各30~40cm。施基肥和追肥均可用此法。

撒施肥：主要用于追施化肥。在榛子树灌丛地表撒施化肥，然后松土，使化肥与表土混合均匀。

浇水施肥：此法多与喷灌或滴灌结合应用，具有供肥及时、分布均匀、肥料利用率高、节省劳力等优势，特别适宜树冠相接的成年榛子园或密植榛子园施肥。

6. 土壤改良

土壤是榛子树生长的基础，根际和株间、行间的土壤状况会直接影响榛子产量与品质。根际土壤需要经常松土和清除杂草，并在榛子树投影以外深翻松土，增添有机质含量高的客土和有机肥（可与秋季施用基肥同步进行），增加土壤透气性和透水能力，促进榛子树生长结实及口味改善。株间、行间土壤根据不同树龄树冠采取不同改良措施。栽植1~4年，榛子树较小，可在行间种植大豆、豌豆、草木樨、紫花苜蓿等矮秆作物，既能提高土地利用率，又能形成有利榛子树生长的小气候，还能逐步提高土壤肥力，改善土壤理化性状，防止水土流失和风蚀。栽植5年以上地块，生长期间土壤中耕3~4次，深度5~7cm，以保持土壤疏松无杂草。

7. 适时浇水

结果期间遭受干旱，应及时浇水防旱，保证养分形成和运送畅通，促进果实充实饱满。

8. 松土除草

及时松土除草可取得保墒、防止病虫害的效果，苗根附近松土深度以5~7cm深为宜。杂草种类、滋生能力、生长规律、争夺营养能力等因地而异，需要农业措施和化学除草相结合。使用除草剂要选择无风、无雨天气作业，喷头安装防护罩，避开树盘定向喷雾，每年喷施1~2次。农业措施可采取种植绿肥、幼树覆膜等办法。

（五）整形修剪技术

榛子树修剪一年四季均可进行，但因地区、气候、品种、树龄等不同，又有不同的最佳修剪时机和修剪方法。

1. 树形选择

（1）单干形。只留1个高40cm左右的主干，主干上留若干分布于各方向的主枝，主枝上再留若干侧枝，侧枝再生长副侧枝和结果枝，形成自然开心形树冠。

（2）少干丛状形。留2~3个主枝，每个主枝都生长侧枝，侧枝又生长营养枝和结果枝，形成少干丛状自然开心树形。

2. 冬春季修剪

冬春季修剪在榛子树萌动前的2—3月进行。栽植后第2年剪掉上年主干长出的主枝条（由定干保留的3~4个饱满芽发展而来）的1/3左右；第3年在每个主枝上选留2~3个侧枝，剪掉多余侧枝，并轻剪主枝和侧枝的延长枝；第4年继续轻剪主枝和侧枝的延长枝，至此树冠基本形成；第5年开始，主要剪除枯枝、生长衰弱枝和分布重叠、接近的枝条，剪掉主侧枝延长枝的1/3左右。

3. 夏秋季修剪

夏秋季修剪从芽萌动后至落叶前的5月至8月中旬进行，主要是摘心、拉枝、除萌蘖，调节营养生长，控制枝条徒长，促进花芽形成，增加树冠光照，减少营养消耗等。

（六）病虫害防治

1. 病害防治

榛子树发生的病害种类很少，主要是榛叶白粉病，发病时间一般在7月，危害叶片、枝梢、幼芽和果苞。通过孢子由中心病株向周围蔓延传播，如果遇到通风不良、土壤黏重、低洼潮湿等利于该病发生条件，传播速度很快。防治方法：一是清除中心病株，适当疏枝或间伐，改善通风透光条件，增强树体的抗病能力；二是药剂杀菌，于5月末至6月上旬喷施多菌灵、甲基托布津、波美石硫合剂等。

2. 虫害防治

榛子虫害较少，主要有榛实象鼻虫、金龟子等。

（1）棒实象鼻虫：生活史长而复杂，世代重叠交替发生。一般5月中下旬以成虫取食嫩芽、嫩叶和嫩枝。防治方法：在成虫产卵前的补充营养期及产卵初期（5月中旬到7月上旬），用D–M合剂喷雾2~3次。

（2）金龟子：在5月上旬以成虫危害榛子树嫩芽和幼叶。防治方法：在榛子树下地面撒药毒杀，利用成虫假死习性，将上树为害的成虫震落，成虫钻入土中，触毒死亡；还可利用成虫的趋光性诱杀，或在周边点火，使成虫扑火自焚。

十九、欧李

欧李是一种灌木果树，其根系庞大，基生枝和根蘖发达，抗逆性强，耐严寒、耐修剪，具有特殊的抗旱本领，适合干旱地区种植。欧李容易成活，对管理技术要求不高，在我国可广泛栽培。

（一）苗木繁殖

1. 种子的处理及播种

采集成熟果实，取出种子晾干，在阴凉通风处贮藏。地封冻前进行层积处理，在背阴处挖深、宽各1m，长度随种子多少而定的贮藏沟。选用大河沙，河沙的湿度以手握成团，松开后即散为好，沟底部铺20cm的河沙，然后一层河沙一层种子，距地面20cm时全部用河沙封平，再用土封成高于地面20cm的土堆。种子多时每隔1m竖一秸秆把，以利通气。为防止严寒天气，应提前添加秸秆覆盖。在4月中旬左右取出种子，摊放在向阳背风处进行种子发芽观察，当种子有15%破壳露芽时即可播种。

采用穴播，行距60cm，株距15cm，每穴3粒，覆土3～4cm，然后用地膜覆盖，出苗率在85%以上。

2. 扦插育苗

在已经培育的苗木中，于5月上中旬选择优良单株，采集当年生、半木质化、粗度在0.4cm以上的枝条作插条，长度8～10cm，上面平口，下面斜口，采后立即去叶，只留上部1～2片小叶，插入清水中，放阴凉处。为提高生根率，可用生根粉浸泡基部20分钟。选用干净的河沙作基质，厚度20cm，上盖塑料布和遮阳网，扦插株行距5～8cm，扦插时先用略粗于插条的小棍插孔，再插入插条，然后摁严。扦插完后及时浇透水并进行叶面喷水，每天喷水3～5次，保持叶片不失水。扦插后每3天喷一次0.2%

的多菌灵或甲基托布津预防病害，这样经过15~20天就可生根。生根半个月后进行炼苗，选择阴天的傍晚移栽至苗圃，前期喷0.3%的尿素，后期喷0.3%磷酸二氢钾，精心管理，当年可长30~40cm，次年即可开花。

3. 分蘖繁殖

在落叶后至发芽前均可进行。最好于冬初挖取0.5~1cm粗的根，剪成15~18cm长，50根一捆，系上品种标签，进行沙藏，翌年4月下旬进行埋根，上端与地面平，埋后浇透水，然后覆盖地膜，以增温保湿，提高出苗率、成苗率。欧李根蘖苗多，可于春季芽萌动前挖出根蘖苗归圃。

（二）栽培技术

1. 选地整地

在适于造林的沙荒地、采伐迹地或造林地的行间均可栽植，大田栽植一般地块即可，但要有水浇条件。在平地地埂、田边也可种植，通风透光较好的乔木果树行间可间作。栽植地块要进行机械翻地、旋地，翻地前要将有机肥、磷肥均匀施于地表，翻地深度在25~30cm。作垄或修成小畦田，以便于浇水或铺设滴灌带。

2. 栽植时间

栽植时间最好在秋季欧李落叶后至土壤封冻前，也可在春季土壤解冻后至芽萌动前。裸根苗可在春、秋两季栽植，以春栽效果较好，一般在春季芽未膨大前栽植，时间为4月中下旬。用营养钵培育的绿体苗，在春、夏、秋三季均可栽植，但越早越好，栽植的最晚时间应该是能保证苗木栽植后还可再生长一个月，这样一般可保证小苗正常越冬。

3. 栽植方法

（1）带间距2m，每带4行，带内按照株行距0.8m×1m的密度栽植，每亩栽植666株。

（2）带间距1.8m，每带2行，带内按照株行距0.8m×0.7m的密度栽植，每亩栽植666株。主栽品种和授粉品种按5∶1比例配置即可。地块集中、栽植面积大时，为便于管理，可在栽植20行或40行时规划生产通道。

（3）按照规划的株行距定点挖栽植坑，规格（长×宽×深）为40cm×40cm×40cm。挖坑时表层土和底层土分开堆放，先回填与腐熟农家肥混拌的混合土，然后回填部分表土，放入苗木，再回填表土，同时轻提苗，回填后踩实。栽植深度在苗木原土印痕迹的2~3cm以上即可。栽植后及时浇水，水渗下后扶正并及时回填少量干细土。

4. 浇水追肥

欧李虽然抗旱、耐瘠薄，但因产量大，需要有充足的水肥才能保证高产稳产。因此，在有条件的地方，浇水追肥还是十分必要的。

一般每年追肥3次即可，分别在开花前、果实膨大期和采收后进行。根施以果树复合肥为好，并在肥料中加入硫酸亚铁。一般每次每亩追肥60kg左右，采取顺行沟施比撒施效果好，追肥应结合浇水进行。果实膨大后期还应叶面追肥2次以上，叶面喷施可选用尿素、磷酸二氢钾、有机铁肥等，以弥补果实发育对养分的大量需求。

浇水时间及次数可视土壤缺水情况而定，春季次数宜少，每次浇透水，这样有利于提高地温。花期最好不要浇水，以防潮湿烂花。土地封冻前要浇好浇足封冻水，以利根系抗冻和减轻下一年早春的干旱影响。

5. 修剪

欧李树形为丛状形，栽植后的苗木对地上部分要适当剪短，以每年更新的基生枝结果为主。

修剪方法：

第一年，栽植后近地面留2~3cm平茬，当年可萌发2~3个基生新梢。

第二年，选留1个粗壮基生结果枝，其余去掉，可促发基生新梢3个以上。

第三年，选留3个基生结果枝，其余平茬，可促发5个以上基生新梢。

四年以后每年留4~5个健壮基生枝结果，同时培养8个以上基生新梢，结果后的基生枝在当年冬剪时直接从近地面去除，而培养的基生新梢则成为翌年结果枝。

6. 疏花疏果

对一年以上的大苗在早春要适当短剪。基部长出的弱小分枝应全部彻底疏除，对过长的分枝可短剪到30cm以下，苗木的主干一般保持30~40cm，最上端5~10cm的枝条一般发育不充实，应剪除。地下部萌出的基生枝和根蘖前三年一般每年可保留1~2个，如果保留过多，原主丛枝便会很快衰弱；以后是否保留或保留多少视前主丛枝的发育情况而定。以后每年对一些发育弱的上部枝要进行更新修剪，对多年生的主干可进行短剪回缩，使其达到单个株丛有根蘖和基生枝6~7个，一年生健壮分枝20~30个。

为获得较高的产量和较大的果子，一般每年每株可留200个左右果实，将其分布在3~4个基生枝、十几个分枝上。疏果可在果实长到黄豆大小时进行。

（三）病虫害防治

欧李病虫害较少，虫害主要防治蚜虫和食心虫，病害主要防治褐腐病。萌芽前，喷施一次3度石硫合剂，预防树体和果实病害发生。花后1~2周喷施吡虫啉3000倍液防治蚜虫。采用性诱剂监测梨小食心虫和桃小食心虫的发生时期，在诱捕盛期（6月上中旬虫卵孵化初期）喷施2.5%溴氰菊酯2500~3000倍液防治。果实成熟前25天喷施25%百菌清或多菌灵可湿性粉剂800倍液防治褐腐病。

二十、樱桃

我国栽培的樱桃可分为四大类，即中国樱桃、甜樱桃、酸樱桃和毛樱桃，以中国樱桃和甜樱桃为主要栽培品种。樱桃树的适应性相当强，在土层深厚、土质疏松、通气良好的壤土都能生长。东北、西北的寒冷地区种植的多为毛樱桃。

（一）栽培技术

1. 栽培地选择

樱桃树的树根比较浅，大部分根系扎根在土壤的表层，因此在选择栽培地的时候，应该选择土质比较松软，有良好透气性且土壤肥沃的沙壤土或经过改良的沙壤土，最重要的是保证土壤不被污染。只有为樱桃树的生长提供一个良好的环境，才能生产出绿色无污染的樱桃。

2. 栽植方法

（1）栽植时间。樱桃树比较容易遭受冻害，因此一般选择在树苗发芽前，4月中下旬栽植。

（2）栽植密度。主要根据栽培地的土壤条件来决定。土壤条件比较好的可以选择3m×4m的株行距，而土壤条件一般的可以选择2.5m×5m的株行距，这样可以保证樱桃树获得充分的养料补给。

（3）树苗的定干。定干高度一般在60～80cm，确定高度之后要套上塑料袋，以避免樱桃树受到害虫侵害。

3. 浇水与排水

樱桃树从开花到果实采收期

间需养分、水分较多，这一时期如果降水量较少，要注意及时浇水，施肥与浇水结合进行，一年需浇水3~5次。在雨季积水时要及时排水。

（二）施肥要点

1. 基肥

（1）基肥应早施和深施，宜在“立秋”至“秋分”期间施入，最晚在落叶前，施到30~35cm的根系较集中的土层。基肥秋季早施，不要晚于10月，多施有机肥。

（2）在3年生以内的幼树，其树体处在快速扩冠期，营养生长旺盛，施肥应施入充分腐熟的农家肥、复合肥等，每株施肥量可结合土壤及树体生长情况确定。

（3）在初果期，除树冠继续迅速扩大、枝叶继续增加外，关键是完成由旺盛的营养生长向生殖生长的转化，促进形成短枝和花束状态枝，进而促进花芽分化，这个时期整个树体的管理及施肥很重要，施肥应注意控氮、稳磷、增钾、补充微量元素。

（4）在盛果期，除供应树体生长所需肥料外，更重要的是为果实生长提供充足营养。大樱桃果实生长需钾较多，应增加钾肥施用量。

2. 追肥

（1）春季追肥：是对基肥营养的补充，应在樱桃生长发育需肥的最大效率期进行，一般追肥在芽萌动后至开花前进行。

（2）花前追肥：宜在树冠外缘向内30~50cm处穴施或沟施，施肥量的多少依据结果树的树龄、树势、产量等具体情况确定，主要以施入复合肥为主。

（3）叶面喷肥：在谢花后至果实采收前10天进行。叶面喷肥吸收快，且不被土壤固定，肥料利用率高。在盛花初期叶片喷施 1~2次0.5%的尿素+0.5%的硼肥或600倍磷酸二氢钾液，有利于坐果。从谢花后每隔10~15天喷一次尿素及各种微肥，连续喷5~7次，对减少落果、提高产量和质量均有显著效果。喷肥重点在背面，晴天宜在上午10时前和下午4时后，阴天全天均可进行。

3. 采果后追肥

采果后的树体营养匮乏，失去原来的平衡，急需调整实现新的平衡，而此时正值樱桃花芽分化与新梢第2个生长期，为了更多地制造光合产物，形成优质花芽，应在果实采收后立即追一次含磷量较高的速效肥。施肥量可根据树龄和树冠大小以及结果多少而定，一般株施腐熟豆饼 2.5~3kg，或硫酸铵 1.5kg，或尿素0.5~1kg。

（三）整形修剪

1. 主要树形

（1）自然丛状形：是中国樱桃的常用树形。普通主枝5~6个，向周围倒闭延伸生长，每个主枝上有3~4个侧枝。结果枝着生在主、侧枝上。主枝衰老后，应用萌蘖更新。此树形的角度较倒闭，成形快。

（2）自然开心形：多用于甜樱桃。干高30~40cm，全树有3个主枝，分枝角度30°。最后保留中心干，待栽植4~5年后，除去中心干为开心形。这种树形修剪量小，树冠倒闭，通风透光良好，产量高。

（3）主干疏层形：干高40~60cm，有中心干。主枝6~7个，分3~4层着生在中心干上。第一层3个主枝，倒闭角度50°~60°；第二层2个主枝，倒闭角度45°左右；第三、四层各有1个主枝。一、二层间距60~80cm，二、三层间距40~50cm，下层间距可适当小一些。每个主枝上有侧枝2~4个，同时在各级主干枝上培育结果枝组。

（4）纺锤形：干高40~60cm，树高3m左右，中心干上着生主枝8~10个，主枝间距25cm，方向互相错开，同方向主枝间距70cm左右。定干80~100cm，定干后刻芽，促发新梢，培养主枝，第二、三年发芽前对主枝进行刻芽。秋季或春季进行拉枝，骨干枝开张角度80°，临时枝拉角至90°。

2. 休眠期修剪

（1）休眠期修剪时间宜晚不宜早，一般以3月中下旬萌芽前为宜。休眠期修剪宜轻不宜重，除对各级骨干枝进行轻短截外，其他枝多进行缓放，待结果转弱之后，再及时回缩复壮，疏枝多用于除去病枝、断枝、枯枝等。

（2）幼树期要根据树形的要求选配各级骨干枝。中心干剪留长度50cm左右，主枝剪留长度40~50cm，侧枝短于主枝，纺锤形留50cm短截或缓放。初果期除继续完成整形外，注意结果枝组的培养。要注意控制骨干枝先端过旺生长，适当缩剪或疏除辅养枝。

（3）盛果期冬剪要和生长期修剪结合，调整树体结构，改善冠内通风透光条件，维持和复壮骨干枝长势及结果枝组生长结果能力。一是骨干枝和枝组带头枝在其基部腋花芽以上的2~3个叶芽处短截。二是经常在骨干枝先端2~3年生枝段进行轻缩剪，促使花束状果枝向中、长枝转化，复壮。进入衰老期，骨干枝要根据情况在2~3年内分批缩剪更新。

3. 生长期修剪

主要在新梢生长期和采果后的这段时间进行。

（1）幼树期的修剪，骨干枝延长枝长至40~50cm时进行摘心，促使侧芽萌发抽枝，生长旺盛的可连续摘心。其余新梢长到15cm左右摘心。秋季进行拉枝，开张骨干枝角度。

（2）盛果期疏枝在采果后进行，疏除过密枝、过强枝、紊乱树冠的多年生大枝，对高级次大枝以疏剪为主，低级次大枝特别是骨干枝以缩剪为主。衰老期骨干枝进行回缩更新后发出的多个旺长新梢，选留1个作为新骨干枝培养，待长到50cm左右时适时摘心。

（四）花果管理

1. 保花保果

为提高坐果率，除栽培时配置授粉树外，还应做好人工辅助授粉、昆虫辅助授粉和防止自然灾害工作。授粉时间为开花当天至花后4天，这时花的授粉能力最强。人工授粉时，既可人工点授，也可采用授粉器授粉。蜜蜂授粉时，每公顷放2箱蜂。也可用壁蜂进行授粉，每亩需壁蜂150～200头。采用早春灌水，树体喷5%石灰水，或于萌芽前喷布0.8%～1.5%食盐水延迟花期，避开霜冻。霜冻来临前熏烟，可防霜冻。

2. 疏蕾疏果

疏蕾主要是疏除细弱果枝上的小蕾和畸形蕾，一个花束状果枝上，保留2～3个饱满壮花蕾即可。疏果在生理落果后进行，一般一个花束状果枝留3～4个果，疏除小果、畸形果和着色不良的下垂果，保留正常果。

3. 果实采收

樱桃成熟时间不一致，应随熟随采，分批采收。对当地销售的鲜食果实，在果实成熟、充分表现出品种的果实性状时采收。对外销鲜食或加工的，在果实八成熟时采收，可比当地销鲜食的提前5天左右。用于当地酿酒的，要待果实充分成熟时采收。

（五）病虫害防治

一般在冬剪后，及时清除剪掉的树枝和樱桃树的落叶，消除越冬害虫和病毒的生长环境；把樱桃树上面老化的树皮刮掉，避免越冬病虫寄生在樱桃树上；6月将樱桃树涂白，可以避免害虫产卵，减少害虫数量；要加强对樱桃树的管理，增强其抗病能力。

1. 休眠期、花前期

（1）喷保护剂。每月各喷一次250～300倍羧甲基纤维素，防止冻害和抽条现象的发生。

（2）整形修剪。树液流动后拉枝，剪锯口涂油漆保护。

（3）喷药。萌芽前，喷3～5度石硫合剂。

（4）中耕、施肥、浇水。浇返青水，地表稍干时中耕浅锄，以利保墒和提高地温。萌芽前追施氮肥，一般初结果期树每株施尿素1～2kg。追肥后结合灌水，满足开花的需要。

（5）刻芽。萌芽前，在侧芽以上0.2～0.3cm处刻芽，刺激其促发短枝。

（6）花前复剪。花量大的树及时进行复剪，调整花芽、叶芽比例，疏掉过密过弱花、畸形花。

2. 开花坐果期

捉虫、喷药。早晚人工震树捕捉金龟子，也可在盛花期喷一次杀虫剂进行防治。

3. 果实发育期

（1）喷药。主要防治落叶病、桑白蚧、红蜘蛛、卷叶蛾、潜叶蛾、蚜虫类等。

（2）防治流胶病。一般从6月开始发生流胶病，应及时人工刮治。

（3）人工除虫。6—7月，天牛和金缘吉丁虫对樱桃树体危害相当大，可人工捉拿成虫、挖除幼虫。10月落叶后，及时清扫果园，将落叶、残枝搜集到一起，集中深埋或烧毁，以消灭越冬害虫。

二十一、刺老芽

刺老芽又称刺嫩芽、刺老鸦、树头芽、龙牙楤木，是灌木或小乔木。嫩枝伴有细长直刺，枝条大多数分布在茎的上部，当上部枝条被破坏后，能从下部的潜伏芽萌发出新的枝条。刺老芽的根系发达，且具有繁殖幼苗的能力。多生长在针阔混交林下、林间空地、林缘、灌丛地及采伐迹地上。春季萌芽后采摘嫩芽，可采摘多次。花期6—8月，果期9—10月。

（一）育苗技术

1. 种子的采集与处理

刺老芽种子成熟季节是9月中旬至10月，球果变黑色时应及时采集，过熟种子易脱落。用剪枝剪将果枝剪下，用木棍把果实全部打落后，放在盆内用手搓，再用清水洗去果皮、果肉等杂物即可。

将种子用5%的高锰酸钾水溶液浸泡3～5分钟后捞出，然后拌3倍过筛的细湿沙，同时喷洒多菌灵300倍液杀菌，湿度达半干半湿状态（即手握成团，撒手即散的程度）

时，埋在不积水的地方，翌春待用。如果种子少，在结冻时，移到仓库里（注意避免霉烂）。于3月中旬把处理的种子在15℃条件下保存20~30天，然后筛除沙子，放在室外晾晒，每天勤翻动，少浇水、勤浇水，保持种子潮湿，晚上放入室内或用草帘盖好，待30%的种子裂口即可播种。

2. 播种方法及管理

（1）床面撒播：将处理好的种子均匀撒在床内，然后覆盖沙和土的混拌土，以不见种子为宜（覆土厚度为种子横轴直径的2~3倍），镇压后覆草并拉草绳压草，以防被大风吹跑。

（2）条播：播种行距一般在10~20cm，播种后用细筛筛腐殖土覆盖，厚度0.2~0.5cm，上盖松树针叶或稻草，厚度1.5cm左右，浇一次透水。以后每天早晚各用喷水的办法浇水一次 。

（3）播种后的田间管理：出苗前保持床土湿润，播种后20天左右即可出苗，出苗后逐渐去除覆盖物，及时进行除草、间苗移栽和病虫害防治。

（二）栽培技术

1. 幼苗移植

温度保持在12℃以上时进行幼苗移植，同时还要确保60%的湿度，喷水时最好用喷雾器。移植幼苗的长势受温度、湿度情况影响非常大。

2. 定植时间

幼苗长至10cm以上，茎部长出许多针刺时即可定植。定植一般在地下10cm处地温12℃以上时进行。

3. 选地

刺老芽是半阴半阳树种，具有肉质根，应选择富含腐殖质、排水良好且湿润的松软肥沃土壤或棕色森林土，或耕层深厚、肥沃疏松、透气性好的沙壤土或酸性、微酸性沙土，忌黏重土壤及低温易涝地块。

4. 栽植要求

（1）整地：栽植地要进行机械深翻和机械旋地，结合翻地、旋地，每亩施入优质腐熟农家肥1500~2000kg，磷酸二铵200kg。

（2）栽植：

畦田栽植：作高20~30cm，宽1~1.2m的畦田，畦田内地面开深30cm，行距30cm的沟，把腐熟的农家肥混合土均匀施入沟内。按株距50cm栽植苗木，栽植深度以原苗木土印痕迹深度为准，栽植时边埋土边提苗，让根系舒展，以利成活。栽植后要及时浇透水，待水渗后再覆细土、踏实。

作垄栽植：作60cm大垄。第一次作垄后，在垄沟内适量均匀施入腐熟的农家肥，再进行第二次作垄，即合垄，把农家肥埋入地下，然后每隔一垄栽植一行，在垄上开沟栽植苗木，栽植株距40cm，浇透水、覆土踏实，也可覆土封垄。此种栽法必须在垄内加入底肥。

5. 田间管理

（1）浇水：定植当年，地下部难以及时达到供给主茎水分和养分的要求，加之刺老芽茎髓心很大，秋季木质化不良，极易造成生理干旱现象，致使大部分主茎枯死，而由根蘖苗代之，因此防止干旱是刺老芽定植当年的重要工作。定植时要浇透底水，后期干旱时要及时浇水，促进秋季茎木质化，加快刺老芽多头树冠的形成。

（2）除草：杂草不但会抑制根蘖苗的发生和正常生长，还会与根蘖苗争夺养分，降低产量。因此，定植后要及时进行2~3次除草，第2年除草1~2次，使植株尽早郁闭成林。

（3）剪枝修整：剪枝原则是使株高适于采收，促进多发枝条和根系发育，提高产量。修剪时靠近枝条基部留4~6个侧芽，将上部剪去。修剪在早春树液流动前完成，生长期可在采收后进行。

（4）追肥：根据地力和生长势，适当追施农家肥及化肥均可。农家肥可直接铺在畦田上、垄上或栽植穴上。化肥可在根部附近刨坑施入，然后覆土浇水。

（三）采收

刺老芽从春季到夏初均可采摘，但以春季萌芽后采摘嫩芽为最佳，入夏以后嫩叶变老就不能食用了。

采摘时掰去顶芽后，顶芽下部的1~5 个侧芽或顶芽的副芽萌发，因此可采摘多次，但以2~3次为适宜，以免累树。嫩芽以10~15cm长、叶片尚未展开为宜，侧芽叶片展开早，可在5~10cm长时采摘。

（四）病虫害防治

刺老芽小苗易患立枯病，可喷洒双效灵400倍液防治，每隔5~7天喷一次，共喷3次。7月中旬至8月初，由于雨水多，空气湿度大，易患叶枯病，可喷代森锌或代森锰锌400倍液防治。如出现蝼蛄和蚯蚓为害，可用氧化乐果500倍液浇穴防治。

第四章 主要草原植物种植适用技术

一、燕麦

燕麦是一年生禾本科作物，饲用价值很高，是牲畜喜食的饲料。近年来，燕麦在牧区大量种植，成为枯草季节的重要饲料来源之一。饲用燕麦可以和优质苜蓿、青贮玉米进行营养和成本上的互补，从而建立完善的粗饲料体系。

（一）种植地选择

1. 土壤肥力水平

60cm土层中有效氮含量低于80kg/hm^{2}的中等肥力地块比较适宜种植燕麦。燕麦生长初期，过多的氮会导致纤维素和木质素积累增多，牧草品质下降。因此、燕麦生长初期不宜使用大量的氮肥。燕麦不宜连作，最好以豆类、胡麻、马铃薯或山药等为前茬作物。

2. 坡向

东西和南北坡向的不同，会导致燕麦成熟时间和遭受风灾时的损失程度不同。阳面接受更多的太阳辐射，作物成熟快。实际生产中，需要根据坡向选择不同的品种或调整收割时间。易于发生霜降

和雨夹风的坡面，细菌性枯萎病会更严重，应该选择抗病性更强的品种。

3. 土壤酸碱度

燕麦对土壤的酸碱度适应性较广，在pH 5.5~8.0的土壤上均可生长良好，最低可耐pH 4.5的土壤环境。

4. 避免除草剂残留

降水量、土壤pH和土壤微生物活动都对除草剂的降解有影响。对于pH偏高的土壤，残留的磺酰脲类除草剂通常会对燕麦有毒害作用。

（二）种植地准备

1. 深耕

整地应做到早、深、细，最好在前一年的秋天进行，形成松软、上虚下实的土壤条件。播种前耕深要超过20cm，耙耱后清理干净各种污染物及作物残茬。

2. 基肥

施腐熟的农家肥30000kg/hm^{2}左右，过磷酸钙375~750kg/hm^2，氧化钾37.5kg/hm^2。

（三）种子处理

用占种子重量0.2%的拌种双或多菌灵拌种，可防治燕麦丝黑穗病、锈病等。用甲拌磷原液100~150g加3~4kg水拌种50kg，或用占种子重量0.3%的乐果乳剂拌种，可防治燕麦黄矮病。地下害虫严重的地区，也可用辛硫磷拌种。

（四）播种

1. 播种期

北方燕麦一般在3月底到5月下旬播种，对于早熟品种最晚播期在6月下旬。根据降水情况，抢墒播种很关键。收割季节多雨的地区最好选择早熟品种，以提前收割，避开雨季。北方大麦复种燕麦应在7月上旬大麦收割后播种。

2. 播种量

燕麦播种量一般为120~150kg/hm^2，旱地的播种量可低一些。盐碱地种植燕麦，播种量应适当增加。

3. 行距

条播行距为15~20cm，覆土深度为3~5cm。土壤干旱时可适当深播，播后镇压以保墒。

4. 播种方向

播种时要考虑将来割草的方向，播种燕麦时可以转圈播、往复播或对角播。转圈播种最理想的刈割方向是与播种方向垂直；对角播种采用转圈刈割或是往复刈割，割草方向与播种方向呈45°角。

（五）田间管理

1. 除杂草

苗后除杂草应在燕麦第二个茎节出现时喷除草剂，可用72%的2,4–D丁酯乳油（900ml/hm^2）或75%的巨星干悬浮剂（15～30g/hm^2）于无风、无雨、无露水的天气喷施。

2. 灌溉管理

灌水充足时，除苗期建议适当蹲苗促进根系发育外，最好保证燕麦的各个生长期不缺水。如果播种后只能灌溉一次，在燕麦孕穗早期进行灌溉产量最高。如果可以灌溉2～3次，最好安排在分蘖期、拔节期和抽穗早期进行。

（1）早浇分蘖水。在3～4片叶时，燕麦植株进入分蘖期，决定燕麦的群体结构。在这一阶段燕麦需要大量水分，要浇分蘖水，且宜早浇，小水浇。

（2）晚浇拔节水。拔节期是燕麦生长的重要时期，水肥需要量较大。拔节水一定在燕麦植株的第二节开始生长时再浇，且要浅浇轻浇。如果浇水过早，燕麦植株的第一节就会生长过快，容易造成倒伏。

（3）浇好孕穗水。孕穗期也是燕麦大量需水的时期。此时燕麦底部茎秆脆嫩，顶部正在孕穗，如果浇水不当往往造成严重倒伏。因此必须将孕穗水提前到顶心叶时期，并要浅浇轻浇。燕麦抽穗后不建议进行灌溉，防止倒伏。

3. 追肥管理

由于燕麦生长快，生育期短，所以要及时结合灌水追肥。第一次追施氮肥应该在分蘖中期到第一个茎节出现期间，每公顷追施尿素180～240kg，或硫酸铵、硝酸铵112～115kg；第二次在孕穗期，每公顷施硫酸铵或硝酸铵75kg左右，并搭配少量的磷、钾肥。

4. 病虫害管理

燕麦常见病虫害有锈病、坚黑穗病、蚜虫、黏虫、金针虫、土蝗等。

（1）农业防治：选用抗病品种的优质种子，实行轮作，加强土、肥、水管理。燕麦收获后及时清除前茬宿根和枝叶、病株、杂草，冬季深翻灭茬，减少病虫基数。

（2）化学防治：

蚜虫防治：孕穗抽穗期百株蚜量在500头以上时，每公顷用50%抗蚜威可湿性粉剂60～120g，兑水40～50kg均匀喷雾，残留期7d，可灭蚜虫。

黏虫防治：用90%的敌百虫1200倍液，或50%敌敌畏2000倍液喷雾，每公顷用药液750kg。

对地下害虫可用75%甲拌磷颗粒剂15～22.5kg/hm^2，或用50%辛硫磷乳油3.75kg/hm^{2}配成毒土，均匀撒在地面，耕翻于土壤中防治。

(3) 生物防治：保护和利用田间害虫天敌或使用生物制剂防治虫害。

（六）收割

一般选择在无露水、晴朗的天气进行收割。

调制干草时，一般在乳熟至蜡熟期收割，留茬高度10cm左右，收割后需要翻晒2次，然后搂草、打捆。也可在拔节至开花期2次刈割作青饲料，第一次在株高50～60cm时刈割，留茬5～6cm，隔30～40天第二次刈割，不留茬。

调制青贮时，一般在乳熟期至蜡熟期收获。如需用带有成熟籽的燕麦全株青贮，可在完熟初期收获。

二、披碱草

披碱草是禾本科披碱草属多年生草本植物，属旱中生牧草，特耐寒抗旱，在–41℃的地区能安全越冬。披碱草是中等寿命的优良饲草，其营养成分较为丰富，在抽穗期干草中粗蛋白质含量8.43%，粗脂肪2.82%，粗纤维36.82%，氨基酸的含量略低于羊草。调制好的干草颜色鲜绿，气味芳香，适口性好，可供牛、羊、马等家畜饲用。披碱草还具有适应性强、易栽培等特点，长期以来作为优质牧草被广泛栽培，在草地畜牧业生产和生态建设中发挥了重要作用。

（一）选地与整地

1. 地块选择

(1) 人工草地。选择地势较高，相对平坦开阔，土层厚度30cm以上、肥力中等，相对集中成片、交通方便的重度退化草地、撂荒地或其他宜翻耕作业的草地。

(2) 改良天然草地。选择地势较平坦开阔，植被覆盖度低于60%的中轻度退化草地。

2. 整地

（1）人工草地。土地翻耕前，清除地面的石块等杂物，宜在秋季深翻25cm左右。翌年杂草返青后全面喷洒草甘膦等灭生性除草剂，当所有植株脱水枯黄后，用重耙耙耱。同时视土壤肥力情况，施腐熟牛羊粪15000～30.000kg/hm^{2}或氮磷钾复合肥150～225kg/hm^{2}做基肥，然后用旋耕机把土壤耙细、耙平。

（2）改良天然草地。播种前半个月，选择晴朗天气对毒害草较多区域喷洒高效、低毒、低残留的阔叶除草剂（如阔极或2，4–D丁酯），有针对性地清除草地中的毒害草或人工挖除毒害草，再用钉耙或重耙划破表土层5～10cm；或者采用免耕播种机的开沟器在播种时直接疏松播种层土壤。

（二）播种

1. 选种

种子质量要求在三级以上（含三级）。

2. 种子处理

机械播种前须对带芒的种子进行脱芒处理，可经日晒趁芒干脆时及时碾压断芒，也可用脱芒机脱芒。

3. 播种时期

人工草地一般5月至6月中旬春播。天然草地补播改良有地面处理时，宜在牧草萌发前播种，无地面处理时从土壤解冻至6月中旬均可播种。

4. 播种方法

可撒播，亦可条播。以条播为宜，行距20～40cm。坡地（<25°）条播其行向应与坡地等高线平行。

多单播，亦可混播。混播常与老芒麦、中华羊茅、草地早熟禾、紫花苜蓿等多年生牧草混播；亦可与燕麦、油菜等生长速度快的一年生牧草混播，以提高草地播种当年的牧草产量。

5. 播种量

按种子用价100%计，人工草地条播22.5～30kg/hm^2，撒播30～37.5kg/hm^2。天然草地补播，视补播地段的具体情况而定，一般不少于其人工草场的单播量。用燕麦、油菜保护播种时，燕麦、油菜的播种量是其单播的20%～30%。与老芒麦、中华羊茅、草地早熟禾、紫花苜蓿混播时，披碱草的播量不低于其单播量的60%～70%。大面积撒播应以10～20亩为单元分区划片播种，要求播种量与播种面积对应一致，以控制播种的均匀度。播种后要做出苗检测，缺苗或漏播地段应及时补播。

6. 播种深度

播后覆土1~2cm，有条件时宜适当镇压。

（三）田间管理

1. 草地围栏建设

在地块选择后或播种后，使用水泥桩刺丝网围栏或菱形网围栏进行围栏建设，以免牛羊践踏处于生长期的牧草。

2. 杂草防除

披碱草播种当年，幼苗生长缓慢，易受杂草危害。三叶期后若阔叶杂草严重，应选用高效、低毒、低残留的化学除草剂（如2，4–D丁酯乳油或阔极）除草1~2次。披碱草和豆科的混播草地宜人工拔除毒杂草。栽培第四、五年的草地草丛密集，根系絮结，可在早春用轻耙松土，改进土壤通透性，增强牧草生机。

3. 施肥

披碱草对水肥反应敏感，产量高峰期过后，应结合松耙追施有机肥15000~22500kg/hm^2，或分蘖—拔节期除杂后，追施尿素5~8kg/hm^2。牧草刈割后追施氮、磷、钾复合肥3~5kg/hm^2。

4. 灌溉

在年降水量低于400mm的地方，最好适当灌溉。披碱草全生育期总耗水量需要5700~7200m^3/hm^2。其中，返青—分蘖期、分蘖—拔节期、拔节—抽穗期、抽穗—开花期、开花—成熟期需水量分别占总需水量的11.8%、24.4%、25.4%、26.3%、12.1%。

5. 病虫害防治

若发现锈病、白粉病等病害和黏虫等虫害宜立即刈割，或选用高效、低毒、低残留药物防治。

三、紫花苜蓿

紫花苜蓿是豆科苜蓿属多年生草本植物，株高70~120cm。种子卵形，长1~2.5mm，种皮平滑，黄色或棕色。种子在5~6℃的温度下发芽，最适发芽温度为25~30℃。适应性广，喜温暖、半湿润的气候条件，对土壤要求不严，除太黏重的土壤、瘠薄的沙土及过酸或过碱的土壤外都能生长，最适宜在土层深厚、疏松且富含钙的壤土中生长。

紫花苜蓿是需水较多的植物，水是保证其高产、稳产的关键因素之一。紫花苜蓿喜水，但不耐涝，特别是生长期最忌积水，连续淹水3天以上将引起根部腐烂而大量死亡。种植苜蓿的地块一般地下水位不应高于1m，且排水通畅，土地平坦。

（一）选地

紫花苜蓿适应性较强，对土壤要求不严格，农田、沙地和荒坡地均可栽培；大面积种植时应选择较开阔平整的地块，以便机械作业。

（二）整地

紫花苜蓿种子细小，播种前需要精细整地，对土地进行深翻，翻耕深度不低于20cm，如果是初次种植的地块，翻耕深度应不低于30cm。翻耕后对土壤进行耙耱，使地块尽量平整。播前进行镇压，将土壤镇压紧实，以利于后期出苗。在地下水位高或者降雨量多的地区要注意做好排水系统，防止后期发生积水烂根。

（三）播种技术

1. 播种期

播种期可根据当地气候条件和前作收获期而定，因地制宜，北方各省区可春播、夏播或秋播。春播多在春季墒情较好、风沙危害不大的地区进行，内蒙古地区有时也顶凌播种。夏播常在春季土壤干旱、晚霜较迟或春季风沙过多的地区进行。内蒙古地区一般是4—7月播种，最迟不晚于8月。

2. 播种量

种子需要包衣处理。单播时，播种量为22.5~30.0kg/hm^2。与其他牧草混播时可根据利用方式和利用年限合理配比。

3. 播种方式

播种方式主要有条播、撒播和穴播。条播更有利于大面积的田间管理和收获晾晒。若利用方式为调制干草，其播种行距为12~20cm。

紫花苜蓿种子小，顶土能力差，播种过深影响出苗。播种深度根据土壤类型而有所调整，中等和黏质土壤的播种深度为6~12mm，沙质土壤的播种深度为12~24mm。土壤水分状况好时可减少播种深度，土壤干旱时应加大播种深度。

（四）水肥管理

紫花苜蓿种植时建议先测量土壤养分，根据土壤养分状况确定合理的肥料比例和用量，一般建议每公顷施用450kg复合肥做底肥，每次刈割后都应追施少量过磷酸钙或磷酸二铵，以促进再生。越冬前施入少量的钾肥和硫肥，以提高次年的越冬率。

（五）病虫草害防控

常见病害主要有锈病、褐斑病和根腐病，在干燥的灌溉区发病严重，发病初期可喷施15%粉锈宁1000倍液或65%代森锰锌400~600倍液进行防治。病害的发生受多种因素影响，种植过程中须制定合理的措施，做到及时预防才能有效减少病害的发生与危害，实现牧草生产的高产、优质和高效。

虫害主要有蓟马、叶象、蚜虫等，发生时可以提前收割，将卵、幼虫随收割的茎叶一起带走；也可以通过喷洒药剂进行化学防治，要注意施药时间和收割时间的间隔，避免农药残留对家畜造成危害。

杂草在建植阶段通过与苜蓿幼苗竞争并影响幼苗生长，造成紫花苜蓿减产。有效的杂草防除工作应从播种前开始，并贯穿草地的整个生产过程。彻底的耕翻作业可以将一年生杂草连根清除，并控制已生长的多年生杂草。控制多年生杂草的除草剂应在春季或者秋季施用。

四、碱茅

碱茅是碱茅属多年生丛生型禾草，具有耐盐碱、抗寒、耐旱等特性。株高80~100cm，茎直立或基部膝曲，具2~3节。叶片长3~5cm，宽2~3cm。圆锥花序开展，长10~16cm，小穗含5~7朵小花。种子纺锤形，千粒重0.1~0.19g。

（一）土地整理

种子细小，播种要求土壤疏松和水分充足，以便种子能够良好出苗和扎根，因此种植碱茅的土地必须适时耕翻，耕后及时耙地和镇压。在北方春旱地区，可夏季播种。播前施农家肥可缓冲土壤碱性，改良土壤结构，增加土壤营养。

（二）播种技术

1. 播种期

播种期幅度较大，播种适宜期可根据气候、土质等情况确定。北方地区通常不晚于8月上旬播种，以免影响越冬。

2. 播种量

播种量为7.5kg/hm^{2}左右。

3. 播种方式

条播，行距25~30cm，覆土1~2cm，播后镇压。

（三）水肥管理

播种后10天左右出苗，幼苗细弱，既不抗旱也不耐杂草，应加强田间管理，杜绝家畜践踏和采食。4月初灌返青水，10月底灌越冬水，生长季节视碱茅的生长状况和天气状况进行灌水。施肥结合灌水进行，施肥量为150kg/hm^2。施肥可提高土壤肥力，促进牧草健壮生长，提高牧草耐盐、抗盐性能，一般在分蘖期和抽穗期进行。

五、野豌豆

野豌豆为多年生攀缘性草本植物，高100~150cm，盛花期高度在2m以上。播种当年生长十分缓慢，株高仅有30cm左右，不开花，不结实。播种后15天左右出苗，50天后进入分枝期。播种第二年5月初返青，6月下旬现蕾，6月末至7月初花，7月下旬到8月中旬进入盛花期，9月下旬种子成熟。落粒性强，生育天数130天左右。耐旱、耐轻度盐碱，喜湿润性气候条件，但不耐水淹，在-40℃左右低温下能够安全越冬。对土壤要求不严，以富含有机质的土壤生长最好，轻度盐碱地上也能很好地生长。在种植过程中，几乎没有病害发生。种子成熟时，易遭虫害。粗蛋白含量高，叶量丰富，草质优良，适口性好，牛、羊均喜食。

（一）选地

野豌豆适应性较强，对生产用地要求不严，农田和荒坡地均可栽培。大面积种植时应选择较开阔平整的地块，以便机械作业；进行种子生产的要选择光照充足、利于花粉传播的地块。

（二）整地

要求精细整地，种前对土地进行深翻、细耙，充分粉碎土块，整平地面。

（三）播种技术

1. 种子处理

因种子硬实率较高，播种前需把种子放尼龙网袋子里，以浓硫酸浸没种子，25分钟后拿出来，放在事先准备好的清水里浸没，之后以流水冲洗；或用砂纸揉擦磨破种皮。

2. 播种期

春、秋季均可播种。

3. 播种量

播种量为30～40kg/hm^2。

4. 播种方式

可采用条播，行距60cm，播种深度3～4cm。播后镇压，使种子与土壤紧密接触。

（四）水肥管理

不追肥，不灌溉，保持自然状态。

（五）病虫草害防控

一般整个生育期不感染病害。在8月下旬种子陆续成熟时，可用10%溴氰菊酯药剂防治种子害虫。苗期生长慢，应及时防除杂草。第二年以后生长快，有很强的抑制杂草能力。

第五章　常见林业有害生物危害及其防治

林业有害生物是指对林木有害的任何植物、动物或病原体的种、株（或品系）或生物型，包括害虫、病害、害鼠和有害植物。科尔沁区自“三北”防护林体系建设开始至今共组织开展了四次林业有害生物普查，最近一次是2022年，这次普查共发现林业有害生物9种，其中害虫5种，有害植物4种。危害的寄主植物主要有杨树、柳树、榆树、五角枫、紫叶李、沙地柏、国槐、水蜡、果树等。

一、林木病害

（一）杨树烂皮病

幼树上的腐烂病

腐烂病分生孢子角

（1）危害：危害树木主干、枝条，造成被害树木树势衰弱，甚至枯死，是杨树、柳树毁灭性病害，在果树上也有发生。

（2）寄主：杨树、柳树、果树等木本植物。

（3）防治：①清除病死株及感病枝条，集中烧毁。秋末或春初在树干距地面1m以下涂白，防冻害和日灼。②造林适地适树，选用抗性树种，造林环节避免苗木失水，减少创伤。③用药剂喷涂感病树干，可选用70%甲基托布津50倍液，5波美度石硫合剂，50%多菌灵100倍液，10%碱水等。④病斑横向长度大于病斑部位树干周长1/2的重病株及时伐除。

（二）冠瘿病

冠瘿病又称根癌病、根瘤病。

大树枝干上的冠瘿病

杨树苗干上的冠瘿病

（1）危害：在杨树苗木、幼树、大树的根茎、主根、主干、枝条上均可发病，受害处形成大小不等、形态各异的瘤，当瘤环树干一周且表皮龟裂变褐色时，植株上部死亡，严重影响树木生长和材质。

（2）寄主：杨、柳及苹果、梨、李、山楂等。

（3）防治：①严格苗木检疫，防止带病苗木调运，发现病苗立即烧毁。②已发生冠瘿病的地块不能作育苗地。育苗前进行土壤消毒，实行圃地轮作制度。③栽植前用根癌宁30～50倍液等药剂浸根、浸插条5分钟，保护伤口，促进伤口愈合，预防根癌病发生。④及时防治金龟子、蝼蛄等地下害虫。⑤早期或枝条发现癌瘤后，用刀切除，伤口上用根癌宁30倍液或农用链霉素2000倍液等涂抹消毒，切下的癌瘤集中烧毁。

（三）锈病

果树锈病

新疆杨锈病

(1)危害：在果树上主要危害嫩叶、新梢和幼果，易引起枯枝、落叶、幼果僵滞畸形，严重影响产量和品质。在柏树上危害嫩枝和针叶，严重时针叶大量枯死、小枝死亡。

(2)寄主：苹果树、梨树、山楂、海棠等花灌木及桧柏等柏属植物。

(3)防治：①清除转主寄主。清除果园周围5km以内的桧柏、龙柏等树木，切断锈病的侵染途径。②铲除越冬病菌。若桧柏不能清除时，则在桧柏上喷药，在冬孢子角未胶化之前喷布5波美度石硫合剂。③在果树上喷药防治。药剂可用70%甲基硫菌灵可湿性粉剂1000倍液，或65%代森锰锌可湿性粉剂500倍液，或15%三唑酮可湿性粉剂1000倍液。

(四)葡萄霜霉病

叶片正面霜霉病症状

叶片背面霜霉病症状

(1)危害：生长早期发病可致新梢、花穗枯死；中、后期发病可引起早熟落叶或大面积枯斑，严重削弱树势，影响下一年产量。病害还导致新梢生长低劣、不充实、易受冻害，使越冬芽枯死。

(2)寄主：葡萄。

(3)防治：①清园，及时收集病叶及残体烧毁，或深翻耕，有效减少病原菌和越冬病源，减轻危害。②抬高架面并及时剪除副梢，改善葡萄园环境，使葡萄通风透光，减少病菌被雨水溅到叶片上的机会。③降低田间湿度，合理灌水，雨季及时排水。多施有机肥和磷、钾肥，提高植株的抗病能力。④药剂防治：25%甲霜灵、50%烯酰吗啉等农药，按要求在开花前或落花后开始喷药。采收前一个半月内尽量不要使用波尔多液及代森锰锌，以免药液污染果面，影响果品质量。秋季多雨的年份，中、晚熟品种采收后还应喷药2~3次，以免早期落叶。

二、林木虫害

（一）杨潜叶跳象

杨潜叶跳象成虫（一）

杨潜叶跳象成虫（二）

杨潜叶跳象幼虫虫苞

杨潜叶跳象幼虫及虫苞

树叶被害状

林分被害状

（1）危害：食叶害虫，以幼虫潜食杨树叶，使树叶形成数个穿孔，远看如“火烧”状，严重影响树叶的光合作用和树木生长。

（2）寄主：小叶杨、青杨、北京杨、加拿大杨等杨树。

（3）防治：①4月初越冬成虫出蛰前，用5%高效氯氟氰菊酯1000倍液等农药在树干基部地面60cm范围内喷施，防治出蛰成虫。②4月中下旬成虫上树期喷洒绿色威雷800倍液。③5—6月幼虫危害期，树冠喷洒1.2%苦参碱1000倍液等药剂防治。④秋末落叶后收集地面枯枝落叶集中烧毁，减少越冬虫口基数。

（二）榆紫叶甲

榆紫叶甲成虫产卵

榆紫叶甲虫卵

榆紫叶甲幼虫及其危害状

榆紫叶甲成虫

（1）危害：食叶害虫，成虫、幼虫取食叶片，严重时将叶片食光，树势衰弱成为“干枝梅”“小老树”。

（2）寄主：榆树。

（3）防治：①利用成虫假死习性，人工震落捕杀。②幼树、矮树可人工剪除有卵块叶片、嫩枝。③幼虫、成虫危害期，树冠喷洒8%氯氰菊酯微胶囊2000倍液防治。④越冬成虫上树前和成虫夏眠上树时，制作毒绳绑缚在树干胸径处，阻杀成虫。

（三）柳毒蛾

柳毒蛾又名雪毒蛾。

柳毒蛾新产卵块

柳毒蛾幼虫及树叶被害状

柳毒蛾化蛹状

柳毒蛾成虫交尾状

（1）危害：食叶害虫，猖獗时短期内将树木叶子全部吃光，严重影响树木生长。

（2）寄主：主要危害杨、柳，其次危害白蜡、槭、榛子。

（3）防治：①4—5月幼虫上树前在树干高1.2m处涂一宽12cm的闭合毒环或绑缚毒绳，阻杀上树幼虫。②幼虫取食期间，树冠喷洒1%苦参碱800倍液，或25%灭幼脲Ⅲ号3000倍液，Bt乳剂500倍液等防治。③在成虫产卵前用杀虫灯诱杀，或用性诱捕器诱杀。④秋末冬初清除枯枝落叶和杂草，集中烧毁。

（四）黄褐天幕毛虫

黄褐天幕毛虫又称“顶针虫”。

黄褐天幕毛虫卵块

黄褐天幕毛虫幼虫网幕

黄褐天幕毛虫幼虫

黄褐天幕毛虫茧蛹

黄褐天幕毛虫成虫

群聚幼虫及树叶被害状

(1) 危害：食叶害虫，幼龄幼虫群集在卵块附近小枝上取食嫩叶，大发生时将整片林木树叶吃光，严重影响树木生长和景观。

(2) 寄主：柳树、杨树、桦树、榆树及果树等阔叶树种。

(3) 防治：①人工防治：卵期摘除“顶针”卵块集中烧毁，幼虫分散危害前人工捕杀网幕内幼虫，摘除蛹集中烧毁。②药物防治：幼虫期，用1.2%苦参碱·烟碱乳油800~1000倍液，或

25%灭幼脲Ⅲ号2000倍液，1.8%阿维菌素乳油6000～8000倍液等喷雾防治。③利用杀虫灯诱杀成虫。④人工悬挂鸟巢，招引益鸟，控制害虫种群数量。

（五）黑绒鳃金龟

黑绒鳃金龟又名天鹅绒金龟子、东方金龟子，幼虫叫蛴螬。

黑绒金龟幼虫——蛴螬

黑绒金龟成虫及其危害状

（1）危害：幼虫取食幼苗及幼林的根部，可致未生出真叶的幼苗死亡，引起大面积实生苗育苗失败。成虫取食寄主幼芽和嫩叶及花，影响幼树生长。

（2）寄主：杨、柳、榆、果树等多种阔叶树。

（3）防治：①苗圃采用充分腐熟的厕肥做底肥，作床、作垄时施入毒土防治幼虫。②在幼虫分布密度较大的宜林地，造林前应先整地，以降低虫口密度。③利用成虫假死性，在成虫发生盛期，进行人工捕杀。④成虫盛发期，可在无风天气下午3时左右，喷洒40%氧化乐果乳油800倍液毒杀成虫。

（六）青杨天牛

青杨天牛危害状——虫瘿

青杨天牛幼虫

青杨天牛蛹

青杨天牛成虫

（1）危害：杨树蛀干害虫，以幼虫危害2~3年生苗木和幼树的主梢，被害处形成纺锤状瘤，阻碍养分正常运输，使枝梢干枯，易遭风折，影响树木的生长和成材。

（2）寄主：杨树。

（3）防治：①严格苗木检疫，杜绝带虫瘿苗木进入造林地。②挤压卵痕。③树冠喷药防治，适合3~5年生幼林和圃地苗木。④干基部注药防治：5月中旬成虫出孔前，向干基部注入农药，可选用吡虫啉，毒杀补充营养的成虫。此法适用于苗圃地和造林地周围高大的防护林，用来控制虫源。⑤人工剪除虫瘿：结合秋冬季修剪剪除虫瘿烧毁，避免虫源扩散。⑥营林技术措施：适地适树，选择抗天牛树种，提倡营造混交林，加强抚育管理，增强林木抗病虫能力。

（七）白杨透翅蛾

白杨透翅蛾幼虫

白杨透翅蛾蛹

白杨透翅蛾成虫

成虫羽化留下的蛹壳

杨树被害状

旱柳被害状

（1）危害：杨树蛀干害虫，以幼虫蛀食树干、枝条，被害处形成瘤状虫瘿，枝梢枯萎下垂，易遭风折死亡，影响树木生长。

（2）寄主：杨树、旱柳等。

（3）防治：①严格苗木检疫，冬季和秋后树木修剪时及时剪除虫瘿销毁。②6月中下旬，初孵幼虫尚未钻入树干时，在枝干上喷洒敌敌畏500~1000倍液，每9天喷一次。③打孔注药，或用三硫化碳棉球塞蛀孔，孔外堵塞黏泥。④在成虫期用性诱捕器诱杀成虫，成虫羽化盛期用2.5%溴氰菊酯4000倍液喷雾防治。

（八）桃小食心虫

桃小食心虫又名桃蛀果蛾，简称“桃小”，俗称“钻心虫”。

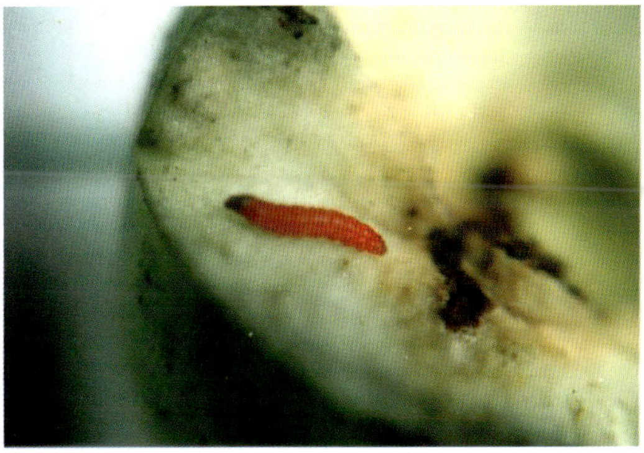

桃小食心虫幼虫

桃小食心虫成虫

桃小食心虫冬茧和夏茧

桃小食心虫在果面的蛀孔

（1）危害：以幼虫蛀食果实，影响果实的产量和质量。

（2）寄主：苹果、梨、桃、山楂、海棠、李、杏、枣等。

（3）防治：①地面防治：越冬幼虫出土结茧前爬行1~2小时时，在冠下地面喷洒杀虫剂，杀死出土幼虫。②树上防治：一是性诱剂捕杀成虫；二是性诱剂迷向法使雄性成虫找不到雌性成虫进行交尾产卵，不能繁育下一代；三是喷药防治成虫、卵和初孵幼虫，药剂可选氯氟氰菊酯、高效氯氰菊酯、杀螟硫磷、灭幼脲等。③保护利用天敌：桃小食心虫的天敌主要有中国齿腿姬蜂、甲腹茧蜂、白僵菌等。

（九）铜绿丽金龟

铜绿丽金龟成虫

铜绿丽金龟危害状

（1）危害：成虫取食植物芽、叶片，形成缺刻、孔洞；幼虫危害根系，影响幼苗、幼树生长。

（2）寄主：杨、柳、榆、果树及部分农作物。

（3）防治：①适时翻耕果园，捕杀幼虫和蛹，结合灌水施药防治越冬幼虫。②清晨、傍晚，震树捕杀落地假死成虫。③利用黑光灯或糖醋液诱杀成虫，成虫盛发期树冠喷20%甲氰菊酯乳油1500倍液防治。

（十）苹毛丽金龟

苹毛丽金龟成虫

苹毛丽金龟危害状

（1）危害：成虫危害植物花和嫩芽，幼虫危害苗木根部。

（2）寄主：杨、柳、榆、果树、花灌木。

（3）防治：①结合耕作管理，翻出蛹和越冬幼虫灭杀。②早、晚敲树震落假死成虫，集中消灭。③果树花前，树冠喷洒2.5%溴氰菊酯乳油2000～2500倍液防治成虫。

（十一）黄刺蛾

黄刺蛾虫茧

黄刺蛾幼虫危害状

(1) 危害：食叶害虫，严重时能吃光树叶，影响树木生长。

(2) 寄主：果树及杨、柳、榆等。

(3) 防治：①人工摘除虫茧。②夜间利用杀虫灯诱杀成虫。③用20%除虫脲5000倍液或25%灭幼脲Ⅲ号2500倍液喷雾防治幼虫。

(十二) 中华弧丽金龟

中华弧丽金龟成虫

中华弧丽金龟危害状

(1)危害：成虫取食植物花、叶，造成花、叶残缺不全；幼虫危害根系。

(2)寄主：果树、榆树、沙棘等。

(3)防治：①利用成虫趋光性、假死性，以灯光诱杀、震落捕杀。②幼虫期中耕、松土捕杀幼虫，或喷洒50%辛硫磷乳油300倍液防治。③用20%甲氰菊酯乳油1500倍液喷雾防治成虫。

(十三)苹掌舟蛾

苹掌舟蛾幼虫

苹掌舟蛾危害状

（1）危害：食叶害虫，影响树木正常生长发育。

（2）寄主：榆、柳、槐、果树等。

（3）防治：①土壤翻耙杀灭越冬蛹，灯光诱杀成虫。②低龄幼虫群集期，用10%氯氰菊酯乳油2000~3000倍液，或25%灭幼脲乳剂1500倍液喷雾防治。

（十四）白杨叶甲

白杨叶甲成虫

白杨叶甲幼虫

（1）危害：食叶害虫，使叶片呈网状、缺刻状，逐渐变黑干枯。

（2）寄主：杨树、柳树。

（3）防治：①震动树干，人工捕杀落地假死成虫。②人工摘除幼叶上的卵、蛹。③用15%吡虫啉3000倍液或4.5%氯氰菊酯1000倍液等叶面喷雾防治成虫。

三、林木鼠害

（一）达乌尔黄鼠

达乌尔黄鼠俗称“大眼贼”。

达乌尔黄鼠

吐尔基山林场发现的黄鼠洞穴

（1）危害：取食植物茎、根、种子，掘洞穴破坏草地，导致草原沙化。

（2）寄主：沙棘、山杏、杨、榆、云杉、油松、柠条等。

（3）防治：毒饵投药防治和物理器械防治。

（二）东北鼢鼠

东北鼢鼠俗称“瞎目鼠子”。

东北鼢鼠

吐尔基山林场东北鼢鼠打洞形成的土丘

(1) 危害: 取食植物地下部分, 林木、粮食、草类均遭危害。

(2) 寄主: 樟子松、油松、沙棘、果树等。

(3) 防治: 毒饵投药防治和物理器械防治。

四、有害植物

(一) 菟丝子

菟丝子又名无根草、豆寄生、黄丝藤。

通辽市森林公园前绿篱上菟丝子危害状

菟丝子藤茎

菟丝子花序

（1）危害：藤茎缠绕寄主的主干和枝条，在缢痕处形成吸盘，吸取树体营养物质，受害植株生长不良，重则全株死亡。

（2）寄主：豆科、蔷薇科、菊科、旋花科等草本植物和木本植物。

（3）防治：①加强栽培管理：中耕除草，将菟丝子种子深埋在3cm以下土壤中，使其难以萌芽出土。②人工铲除：应在菟丝子种子未成熟前彻底拔除，清除侵染源，剪下的茎段不可随意丢弃，应晒干烧毁，以免再传播。③喷药防治：菟丝子开花结籽前，树冠喷洒6%草甘膦水剂200~250倍液。

（二）长刺蒺藜草

林地中的长刺蒺藜草

长刺蒺藜草花序

（1）危害：对地区生物多样性构成威胁，对林草业、农业造成不利影响。

（2）防治：①人工除草：在长刺蒺藜草种实成熟前割除效果较好。②化学防治：长刺蒺藜草开花前，采用5%精禾草克除草剂进行防治，每公顷用药1600ml。

附录一　科尔沁区现有名木古树

(一)高林屯种畜场榆树

榆树1

榆树2

榆树，俗名家榆。榆树1估测树龄160年，树高6.5m；榆树2估测树龄180年，树高9.0m。两棵树分别位于通辽市高林屯种畜场二分场和七分场。

（二）大林镇民主嘎查榆树

此树位于大林镇民主嘎查，估测树龄250年，树高10.0m。

（三）大林镇济民嘎查旱柳

旱柳，俗名河柳。此树位于大林镇济民嘎查，根据历史文献记载，树龄约152年，树高11.3m。

（四）敖力布皋镇敖力布皋村榆树和旱柳

榆树树龄约150年，树高13.5m；旱柳树龄约150年，树高13.0m。

（五）庆和镇东发村榆树

此树树龄约240年，树高11.7m。

（六）钱家店镇安乐屯村小叶杨

小叶杨，俗名杨树。根据历史文献记载，此树树龄约100年，树高16.8m。

（七）庆和镇太平河村榆树

榆树1

榆树2

榆树3

榆树4

榆树5

榆树1，树龄约200年，树高5.0m。

榆树2，树龄约110年，树高4.5m。

榆树3，树龄约130年，树高6.7m。

榆树4，树龄约120年，树高6.2m。

榆树5，树龄约180年，树高10.2m。

（八）大林镇宝林嘎查榆树

榆树1

榆树2

榆树3

榆树4

榆树5

榆树1，树龄约240年，树高13.0m。

榆树2，树龄约200年，树高12.0m。

榆树3，树龄约200年，树高11.0m。

榆树4，树龄约200年，树高11.5m。

榆树5，树龄约270年，树高8.5m。

（九）莫力庙苏木玛林格日嘎查古榆

在莫力庙民俗旅游区玛林格日嘎查北，有16棵罕见的古榆，树高10余米，呈簇生状，枝叶繁茂。

（十）莫力庙苏木莫力庙嘎查榆树

榆树1

榆树2

榆树1估测树龄100年，树高6.8m；榆树2估测树龄130年，树高10.7m。

（十一）育新镇太平河村旱柳

此树估测树龄100年，树高12.0m。

（十二）育新镇宁家油坊村

此树估测树龄120年，树高4.5m。

（十三）育新镇小三合兴村旱柳

此树估测树龄180年，树高7.5m。

（十四）木里图镇西花灯嘎查榆树

此树估测树龄180年，树高7.6m。

附录二 科尔沁区林业和草原效果图片

大林镇宝林嘎查杨树防护林

大林镇后敖嘎查杨树防护林

大林镇西归力村塞外红果树栽培区域一角

大林镇西哈嘎查退耕还林

莫力庙林场精品林区域一角

莫力庙林场农林队3000亩樟子松栽植林地一角

莫力庙林场农林队公益林一角

莫力庙苏木辽丰村塞外红果树栽培基地

莫力庙苏木辽丰村塞外红果树栽培基地一角

莫力庙苏木玛林格日嘎查古榆园(一)

莫力庙苏木玛林格日嘎查古榆园（二）

莫力庙苏木玛林格日嘎查沙棘栽植区

庆和镇记者林标牌

庆和镇原小油路记者林一角

吐尔基山林场樟子松母树林

莫力庙苏木草原

高林屯种畜场草原